Astrologia Vedica e Karma
Antica Scienza Sacra

Introduzione:

L'Astrologia Vedica, conosciuta anche come Jyotish, è una scienza antica e sacra che ha origine nei testi vedici dell'India. Questa disciplina non si limita a predire il futuro, ma fornisce una mappa dettagliata del karma individuale e delle influenze planetarie sulla vita umana. Grandi maestri spirituali come Paramahansa Yogananda e veggenti come Edgar Cayce hanno riconosciuto l'importanza e l'accuratezza di questa scienza, sottolineando il suo potere di rivelare il karma e guidare l'evoluzione spirituale.

Paramahansa Yogananda, uno dei più grandi maestri spirituali del XX secolo, ha riconosciuto l'importanza dell'astrologia vedica e le sue connessioni con il karma e la reincarnazione. Secondo Yogananda, il karma è la legge universale di causa ed effetto, che influenza il destino umano attraverso le azioni passate. La reincarnazione, il processo attraverso cui l'anima evolve spiritualmente attraverso molte vite, è strettamente legata a questa legge. Yogananda ha insegnato che, sebbene l'astrologia vedica possa fornire intuizioni preziose, la pratica spirituale e la volontà umana possono trascendere queste influenze, permettendo all'individuo di superare le limitazioni delle stelle.

Edgar Cayce, noto come il "profeta dormiente", ha spesso menzionato che l'astrologia vedica è uno degli strumenti più precisi e accurati per comprendere le influenze cosmiche sulla vita umana. Cayce ha sottolineato che le influenze planetarie non sono casuali, ma dirette da esseri celestiali che supervisionano il destino umano. Secondo Cayce, riconnettersi con queste energie cosmiche può aiutare a vivere in armonia con il proprio karma. I nove pianeti principali nell'astrologia vedica, noti come graha, giocano un ruolo cruciale nel modellare le esperienze karmiche e nel guidare il percorso di vita di un individuo.

Saturno, conosciuto come Shani, è uno dei pianeti più temuti e rispettati per la sua potente influenza. Saturno è associato al karma, alla disciplina e alla trasformazione attraverso le difficoltà. Sebbene possa portare prove e sfide, il suo vero scopo è insegnare e purificare l'anima, guidandola verso una maggiore comprensione del proprio destino. Saturno rappresenta la giustizia karmica e la necessità di affrontare le responsabilità con pazienza e determinazione.

Utilizzare l'astrologia vedica per aiutare l'umanità è una

missione nobile che richiede un sincero desiderio di servizio e crescita spirituale. Questo approccio implica la formazione approfondita, l'etica solida e un approccio compassionevole. Offrire consulenza astrologica personalizzata, educare le persone sui principi vedici e promuovere la crescita spirituale attraverso pratiche come la meditazione e il servizio disinteressato sono tutti modi per utilizzare questa scienza antica a beneficio dell'umanità.

Per approfondire la comprensione visiva dell'astrologia vedica, sono state create immagini dettagliate che illustrano vari concetti chiave: Concetto di Sinastria nell'Astrologia Vedica. Questa immagine mostra come la compatibilità viene analizzata attraverso la comparazione delle carte natali. Esempio Pratico di Analisi
della Compatibilità Matrimoniale usando Ashtakoot Guna Milan. Questa immagine offre un esempio pratico di come viene effettuata l'analisi della compatibilità matrimoniale nell'astrologia vedica. Esempio Pratico di Comparazione di Carte Natali per la Compatibilità Professionale. Questa immagine illustra la comparazione delle carte natali per valutare la compatibilità professionale, spiegando i fattori chiave.

L'astrologia vedica offre una mappa dettagliata del karma e delle influenze planetarie, fornendo intuizioni preziose sul destino umano. Sia attraverso l'insegnamento di maestri spirituali come Yogananda, sia attraverso la pratica e la guida di esperti come Edgar Cayce, questa scienza antica continua a essere una fonte di saggezza e crescita spirituale. Utilizzando l'astrologia vedica con compassione e integrità, possiamo contribuire al benessere dell'umanità, aiutando le persone a navigare il loro percorso karmico e a realizzare il loro pieno potenziale spirituale.

Buona Lettura!

Capitolo 1:

L'Astrologia Vedica secondo Paramahansa Yogananda

La prima illustrazione per Paramahansa Yogananda e l'Astrologia Vedica:

Paramahansa Yogananda, uno dei più grandi maestri spirituali del XX secolo, è noto per aver diffuso gli insegnamenti del Kriya Yoga e la filosofia indiana in Occidente. Le sue opinioni sull'astrologia vedica, il karma e la reincarnazione sono profondamente radicate nella saggezza spirituale e nei principi delle antiche scritture vediche.

Il Karma e la Reincarnazione

Karma:
Paramahansa Yogananda ha spiegato che il karma è la legge universale di causa ed effetto. Ogni azione, pensiero o parola produce un effetto corrispondente che ritorna all'individuo sotto forma di esperienze piacevoli o spiacevoli. Questo ciclo di azioni e reazioni karmiche non si limita a una singola vita, ma si estende attraverso molte incarnazioni.

Reincarnazione:
Yogananda ha insegnato che la reincarnazione è un processo attraverso il quale l'anima evolve spiritualmente. Attraverso molte vite, l'anima acquisisce esperienze, apprende lezioni e lavora per superare il karma accumulato. Ogni incarnazione offre l'opportunità di avvicinarsi all'autorealizzazione e alla liberazione finale (moksha).

Questa illustrazione mostra Paramahansa Yogananda

mentre spiega i principi dell'astrologia vedica, con i nove pianeti vedici visibili.

L'Astrologia Vedica e Yogananda

Influenza dei Pianeti:
Paramahansa Yogananda riconosceva l'influenza dei pianeti sulla vita umana. Ha affermato che i pianeti esercitano influenze specifiche che possono facilitare o ostacolare la crescita spirituale e il benessere materiale. Tuttavia, ha anche sottolineato che la coscienza e la volontà umana possono superare queste influenze.

Superare l'Astrologia:
Yogananda ha insegnato che, sebbene l'astrologia vedica possa fornire intuizioni utili e una roadmap delle influenze karmiche, non è destinata a determinare il destino umano in modo rigido. La pratica del Kriya Yoga e altri metodi spirituali possono aiutare gli individui a elevare la loro coscienza, trascendendo così le influenze planetarie e karmiche.

Citazioni di Yogananda sull'Astrologia:

In "Autobiografia di uno Yogi", Yogananda ha scritto: "L'uomo ha il potere di superare le limitazioni delle stelle. Il signore delle stelle è Dio. Se rimani saggio, non temerai l'astrologia, ma il giudizio divino".

Pratica Spirituale e Astrologia

Kriya Yoga:
Yogananda ha insegnato il Kriya Yoga come un potente strumento per accelerare l'evoluzione spirituale e purificare il karma. La pratica del Kriya Yoga aiuta a sintonizzare l'individuo con le energie divine, riducendo così l'influenza delle forze astrali.

Questa illustrazione rappresenta Paramahansa Yogananda in meditazione, con i nove pianeti vedici intorno a lui, simboleggiando la connessione con le energie celestiali.

Bhakti e Karma Yoga:

Oltre al Kriya Yoga, Yogananda ha incoraggiato la devozione (Bhakti Yoga) e il servizio disinteressato (Karma Yoga) come vie per vivere una vita equilibrata e armoniosa, indipendentemente dalle influenze astrologiche.

Conclusione

Paramahansa Yogananda ha riconosciuto l'importanza dell'astrologia vedica e le sue connessioni con il karma e la reincarnazione. Tuttavia, ha sottolineato che la pratica spirituale può elevare l'individuo al di sopra delle influenze planetarie e karmiche. La vera libertà, secondo Yogananda, risiede nella realizzazione della propria divinità interiore e nell'unione con Dio. L'astrologia può servire come guida, ma la volontà e la pratica spirituale sono gli strumenti più potenti per trascendere il karma e raggiungere l'autorealizzazione.

Capitolo 2:

Edgar Cayce e l'Astrologia Vedica

Edgar Cayce, noto come il "profeta dormiente", era un famoso veggente e guaritore spirituale americano del XX secolo. Attraverso le sue letture psichiche, Cayce ha esplorato numerosi temi spirituali, tra cui l'astrologia, il karma e la reincarnazione. È stato uno dei primi ad apprezzare l'astrologia vedica per la sua precisione e profondità.

La prima illustrazione per Edgar Cayce e l'Astrologia Vedica:

L'Apprezzamento di Edgar Cayce per l'Astrologia Vedica

Precisione e Accuratezza:
Edgar Cayce ha spesso menzionato che l'astrologia vedica (Jyotish) è uno degli strumenti più precisi e accurati per comprendere le influenze cosmiche sulla vita umana. Ha riconosciuto che questo sistema astrologico offre una visione dettagliata del karma e delle tendenze future di un individuo.

Connessione con le Energie Celestiali:
Cayce ha sottolineato l'importanza di riconnettersi con le energie cosmiche. Secondo lui, le influenze planetarie non sono casuali, ma dirette da esseri celestiali che supervisionano il destino umano. Questi esseri celestiali, spesso identificati come i nove pianeti principali (graha) nell'astrologia vedica, giocano un ruolo cruciale nel modellare le esperienze karmiche.

I Nove Graha (Pianeti) nell'Astrologia Vedica

Nell'astrologia vedica, i nove pianeti (graha) sono considerati esseri celestiali con poteri specifici che influenzano vari aspetti della vita:

1. **Surya (Sole):** Rappresenta l'anima, la vitalità e l'autorità.

Questa illustrazione mostra Edgar Cayce mentre interpreta una carta astrologica vedica, con i nove pianeti vedici visibili.

2. **Chandra (Luna):** Simboleggia la mente, le emozioni e il benessere.

3. **Mangala (Marte):** Rappresenta l'energia, il coraggio e l'azione.

4. **Budha (Mercurio):** Simboleggia l'intelligenza, la comunicazione e il commercio.

5. **Guru (Giove):** Rappresenta la saggezza, la conoscenza e la prosperità.

6. **Shukra (Venere):** Simboleggia l'amore, la bellezza e l'arte.

7. **Shani (Saturno):** Rappresenta la disciplina, il karma e le difficoltà.

8. **Rahu (Nodo Nord della Luna):** Simboleggia l'illusione, i desideri mondani e l'ambizione.

9. **Ketu (Nodo Sud della Luna):** Rappresenta la spiritualità, la liberazione e le esperienze passate.

Questa illustrazione rappresenta Edgar Cayce in meditazione, con i nove pianeti vedici intorno a lui, simboleggiando la connessione con le energie celestiali.

Connessione Spirituale e Pratica

Riconnessione con le Energie Cosmiche:
Edgar Cayce ha suggerito che riconnettersi con queste energie planetarie possano aiutare a vivere in armonia

con il proprio karma. Questo implica comprendere le influenze dei pianeti nella propria carta natale e utilizzare pratiche spirituali per bilanciare queste energie.

Pratiche Spirituali Raccomandate:
1.   **Meditazione e Preghiera:**
Queste pratiche aiutano a sintonizzarsi con le energie cosmiche e a ricevere guida spirituale.
2.   **Mantra e Preghiere Specifiche:**
Recitare mantra associati ai pianeti può aiutare a pacificare le loro influenze negative e potenziare quelle positive.
3.   **Rituali e Pujas:**
Eseguire rituali tradizionali per onorare i pianeti e chiedere la loro benedizione.

Conclusione

Edgar Cayce ha riconosciuto l'astrologia vedica come uno strumento potente e accurato per comprendere il karma e il destino umano. Ha enfatizzato l'importanza di riconnettersi con le energie cosmiche dirette dai nove esseri celestiali (graha) che influenzano la nostra vita. Seguendo i suoi insegnamenti, possiamo utilizzare l'astrologia vedica non solo per ottenere intuizioni sul nostro futuro, ma anche per armonizzare le influenze planetarie attraverso pratiche spirituali, vivendo in sintonia con il nostro karma e le leggi cosmiche.

Capitolo 3:

Domande e Risposte:

Perché i Pianeti Vedici Hanno una Grandissima Influenza e Sono i Guardiani del Nostro Destino?

Domanda: Perché i pianeti vedici hanno una grande influenza sul nostro destino?

Risposta:
Nell'Astrologia Vedica, i pianeti, noti come "graha", sono considerati corpi celesti con potenti energie che influenzano vari aspetti della nostra vita. Questi pianeti rappresentano le forze cosmiche e le leggi universali che modellano il destino umano. La loro influenza si manifesta attraverso le loro posizioni nella carta natale, che è una mappa delle influenze karmiche accumulate dalle vite passate.

Domanda: Qual è il ruolo dei pianeti vedici come guardiani e ministri del nostro destino?

Risposta:
I pianeti vedici sono visti come guardiani e ministri del

nostro destino perché ciascuno di essi governa aspetti specifici della vita e porta con sé lezioni karmiche. Ogni pianeta ha una funzione particolare e lavora in sinergia con gli altri per guidare e modellare il percorso di vita di un individuo. Ecco una breve descrizione del ruolo di ciascun pianeta:

1. **Surya (Sole)**: Il re dei pianeti, rappresenta l'anima, la vitalità, l'autorità e la leadership. Surya illumina il nostro scopo di vita e ci guida verso il successo e l'autorealizzazione.

2. **Chandra (Luna)**: La regina, simbolizza la mente, le emozioni, la madre e il benessere interiore. Chandra influenza il nostro stato emotivo e la nostra capacità di nutrire e ricevere nutrimento.

3. **Mangala (Marte)**: Il generale, rappresenta l'energia, il coraggio e l'azione. Mangala ci spinge ad affrontare le sfide con determinazione e forza.

4. **Budha (Mercurio)**: Il principe, simbolizza l'intelligenza, la comunicazione e il commercio. Budha governa il nostro intelletto e le nostre capacità comunicative.

5. **Guru (Giove)**: Il consigliere, rappresenta la saggezza, la conoscenza e la prosperità. Guru ci guida

verso la crescita spirituale e l'abbondanza materiale.

6. **Shukra (Venere)**: Il ministro della felicità, simbolizza l'amore, la bellezza e l'arte. Shukra influenza le nostre relazioni e la nostra capacità di apprezzare i piaceri della vita.

7. **Shani (Saturno)**: Il giudice, rappresenta la disciplina, il karma e le lezioni difficili. Shani ci insegna la pazienza e la responsabilità attraverso prove e sfide.

8. **Rahu**: Il demone, simbolizza l'illusione, i desideri mondani e l'ambizione. Rahu ci mette alla prova con le tentazioni materiali e le esperienze intense.

9. **Ketu**: Il drago, rappresenta la spiritualità, la liberazione e le esperienze passate. Ketu ci guida verso il distacco dai desideri mondani e l'illuminazione spirituale.

Domanda: Come lavorano insieme i pianeti per influenzare il nostro destino?

Risposta:
I pianeti vedici lavorano insieme in un'armoniosa interazione di forze celesti. La loro posizione nella carta natale, gli aspetti che formano tra di loro e i periodi planetari (Dashas) determinano come le loro energie si

manifestano nella nostra vita. Ecco come:

- **Posizioni nella Carta Natale**: La posizione dei pianeti nelle dodici case della carta natale indica le aree specifiche della vita che saranno influenzate.
- **Aspetti Planetari**: Gli aspetti (Drishti) tra i pianeti mostrano come essi influenzano reciprocamente le loro energie, creando sinergie o tensioni.
- **Dashas**: I periodi planetari rappresentano i tempi in cui le influenze dei pianeti si manifestano in modo più potente, guidando eventi e esperienze significative nella nostra vita.

Domanda: Come possiamo armonizzarci con queste energie planetarie?

Risposta:
Per armonizzarci con le energie planetarie, possiamo seguire diverse pratiche spirituali e astrologiche:

1. **Astrologia Vedica**: Studiare la propria carta natale per comprendere le influenze planetarie e i periodi Dashas.

2. **Meditazione e Preghiera**: Praticare la meditazione e recitare mantra specifici per ciascun pianeta per pacificare le influenze negative e potenziare quelle positive.

3. **Rituali e Pujas**: Partecipare a rituali e pujas per onorare i pianeti e chiedere la loro benedizione.

4. **Gemme e Talismani**: Indossare gemme e talismani associati ai pianeti per armonizzare le loro energie con la propria aura.

5. **Consulenza Astrologica**: Consultare un astrologo vedico esperto per ottenere consigli personalizzati su come affrontare le sfide e sfruttare le opportunità.

Conclusione

I pianeti vedici sono considerati guardiani e ministri del nostro destino perché ciascuno di essi governa aspetti specifici della nostra vita e ci guida attraverso le lezioni karmiche. Comprendere e armonizzarci con queste energie planetarie ci permette di vivere in sintonia con il nostro destino e il nostro karma, utilizzando l'astrologia vedica come una mappa per navigare il percorso della nostra vita.

L'Astrologia Vedica e i Nove Graha

Nell'Astrologia Vedica, i "graha" sono le entità celesti che influenzano la vita umana. Sebbene "graha" sia comunemente tradotto come "pianeta", in realtà comprende una gamma più ampia di corpi celesti, inclusi i nodi lunari, che non sono pianeti in senso tradizionale.

Questi nove graha sono considerati potenti influenze sul karma e il destino dell'individuo.

I Sette Pianeti Tradizionali

1. **Surya (Sole)**: Rappresenta l'anima, la vitalità e l'autorità. È il re dei pianeti e simboleggia il potere centrale che guida la vita.

2. **Chandra (Luna)**: Simboleggia la mente, le emozioni e la madre. È la regina dei pianeti e riflette il benessere interiore e le fluttuazioni emotive.

3. **Mangala (Marte)**: Rappresenta l'energia, il coraggio e l'azione. È il generale dei pianeti, simbolizzando forza e determinazione.

4. **Budha (Mercurio)**: Simboleggia l'intelligenza, la comunicazione e il commercio. È il principe dei pianeti, governando l'intelletto e le capacità analitiche.

5. **Guru (Giove)**: Rappresenta la saggezza, la conoscenza e la prosperità. È il consigliere reale, promuovendo la crescita spirituale e l'abbondanza.

6. **Shukra (Venere)**: Simboleggia l'amore, la bellezza e l'arte. È il ministro della felicità, influenzando le relazioni e il piacere sensoriale.

7. **Shani (Saturno)**: Rappresenta la disciplina, il karma e le lezioni difficili. È il giudice dei pianeti, insegnando attraverso la pazienza e la responsabilità.

I Nodi Lunari: Rahu e Ketu

Oltre ai sette pianeti tradizionali, l'Astrologia Vedica include anche i nodi lunari, Rahu e Ketu. Sebbene non siano pianeti fisici, la loro influenza è considerata estremamente potente.

8. **Rahu (Nodo Nord della Luna)**: Rappresenta l'illusione, i desideri mondani e l'ambizione. Rahu è associato alle esperienze intense, alle tentazioni materiali e alle innovazioni. È visto come un demone che provoca confusione e cambiamenti drammatici.
9. **Ketu (Nodo Sud della Luna)**: Simboleggia la spiritualità, la liberazione e le esperienze passate. Ketu è legato al distacco dai desideri materiali e alla crescita spirituale. È visto come un drago senza testa che rappresenta il passato karmico e le esperienze trascendentali.

La Natura e l'Influenza di Rahu e Ketu

Rahu:
- **Natura**: Rahu è associato all'ombra, all'illusione e ai desideri insaziabili. Porta con sé un'energia di

espansione e di ricerca di esperienze nuove e inusuali.
- **Influenza**: Rahu può causare confusione, inganni e ossessioni, ma può anche portare innovazione, crescita materiale e successo in campi tecnologici e moderni.

Ketu:
- **Natura**: Ketu è associato alla spiritualità, al distacco e alla saggezza. Porta un'energia di introspezione e di ritiro dal mondo materiale.
- **Influenza**: Ketu può causare isolamento, perdita e confusione mentale, ma può anche portare illuminazione spirituale, intuizione profonda e successo in campi mistici e filosofici.

L'Importanza dei Nodi Lunari nell'Astrologia Vedica

Rahu e Ketu giocano un ruolo cruciale nell'Astrologia Vedica. Sono considerati punti karmici che segnano l'inizio e la fine dei periodi karmici. Le loro posizioni nella carta natale indicano le lezioni karmiche che l'anima deve affrontare e superare.

- **Asse Rahu-Ketu**: L'asse Rahu-Ketu nella carta natale rappresenta le direzioni opposte del desiderio materiale (Rahu) e della crescita spirituale (Ketu). Questo asse mostra il percorso evolutivo dell'anima, bilanciando tra l'acquisizione e il distacco.

Conclusione

L'Astrologia Vedica considera i nove graha, inclusi i sette pianeti tradizionali e i due nodi lunari, come entità potenti che influenzano il destino umano. Sebbene Rahu e Ketu non siano pianeti fisici, la loro influenza è significativa nel determinare le esperienze karmiche e il percorso evolutivo dell'individuo. Comprendere e armonizzarsi con queste energie è essenziale per navigare il proprio karma e vivere una vita equilibrata e consapevole.

Capitolo 4:

Gerarchie nel Mondo Metafisico e Spirituale: Arcangeli e Serafini

La prima illustrazione per le Gerarchie nel Mondo

Metafisico e Spirituale: Arcangeli e Serafini.

Nel vasto universo del metafisico e dello spirituale, esistono gerarchie di esseri celestiali che operano su vari livelli di esistenza e coscienza. Questi esseri, spesso descritti nelle tradizioni religiose e spirituali, includono angeli, arcangeli, serafini e molti altri. Ciascuna gerarchia ha un ruolo specifico e un'energia particolare che contribuisce al funzionamento armonioso dell'universo.

Gerarchie Angeliche

Le gerarchie angeliche sono frequentemente descritte in varie tradizioni religiose, in particolare nel Cristianesimo, nell'Ebraismo e nell'Islam. Gli angeli sono considerati messaggeri di Dio e intermediari tra il Divino e l'umanità.

Arcangeli
Arcangeli: Gli arcangeli sono tra i più potenti e importanti angeli nelle gerarchie celesti. Sono spesso associati a compiti e missioni specifiche che riguardano la protezione, la guida e la guarigione dell'umanità.

- **Michele**: Conosciuto come il guerriero di Dio, Michele è l'arcangelo della protezione e del coraggio. Combatte contro le forze del male e protegge le anime dei fedeli.

- **Gabriele**: L'arcangelo della comunicazione e delle rivelazioni, Gabriele è noto per portare messaggi divini e per aiutare nell'interpretazione dei sogni.

- **Raffaele**: Associato alla guarigione, Raffaele è l'arcangelo che aiuta a guarire sia il corpo che l'anima. È il patrono dei viaggiatori e dei guaritori.
- **Uriel**: Conosciuto come l'angelo della saggezza, Uriel porta illuminazione e comprensione divina, aiutando a risolvere problemi complessi e a trovare la verità.

Questa illustrazione mostrerà gli Arcangeli Michele, Gabriele, Raffaele e Uriele, ognuno con i loro simboli distintivi, circondati dai Serafini.

Serafini
Serafini: I serafini sono considerati la più alta gerarchia degli angeli e si trovano più vicini a Dio. Sono

descritti come esseri di pura luce e amore che incessantemente lodano e adorano Dio.

- **Purezza e Luce**: I serafini sono spesso raffigurati come esseri con sei ali che irradiano luce divina. La loro essenza è di amore puro e servono come canali di energia divina.

- **Adorazione e Gloria**: La principale funzione dei serafini è l'adorazione perpetua di Dio, cantando "Santo, Santo, Santo" incessantemente, riflettendo la gloria e la maestosità del Divino.

Altre Gerarchie e Essenze Spirituali

Oltre agli angeli e ai serafini, esistono altre gerarchie e essenze spirituali descritte nelle varie tradizioni spirituali e religiose.

Cherubini

Cherubini: Spesso raffigurati come guardiani del sacro, i cherubini sono associati alla protezione dei luoghi sacri e alla custodia della conoscenza divina. Sono noti per la loro saggezza e per l'illuminazione spirituale.

Troni

Troni: Nella tradizione cristiana, i troni sono una delle gerarchie superiori degli angeli, che servono come simboli della giustizia divina e della stabilità dell'universo. Essi riflettono l'equilibrio e l'ordine divino.

Questa illustrazione rappresenta i Serafini in adorazione divina, con gli Arcangeli che li guidano, sottolineando la gerarchia celeste.

Dominazioni, Virtù e Potestà
- **Dominazioni**: Angeli che regolano i doveri degli angeli inferiori e garantiscono l'armonia nell'universo divino.
- **Virtù**: Associati ai miracoli e all'energia divina, i Virtù aiutano a manifestare la volontà di Dio nel mondo fisico.

- **Potestà**: Angeli che proteggono l'umanità dalle forze demoniache e assistono nell'applicazione della giustizia divina.

Interazione con il Mondo Umano

Guidance and Protection: Gli esseri celestiali, inclusi gli arcangeli e i serafini, interagiscono con l'umanità offrendo guida, protezione e guarigione. Le persone possono invocare questi esseri attraverso preghiere, meditazioni e rituali spirituali per ricevere supporto e assistenza nelle loro vite quotidiane.

Energy Channels: Gli esseri spirituali servono come canali di energia divina, aiutando a elevare la coscienza umana e a facilitare la crescita spirituale. La connessione con questi esseri può portare a una maggiore comprensione del sé e del proprio scopo divino.

Conclusione
Le gerarchie nel mondo metafisico e spirituale, che includono arcangeli, serafini, cherubini e altre essenze divine, giocano un ruolo fondamentale nella gestione delle energie cosmiche e nel supporto dell'evoluzione spirituale dell'umanità. Comprendere queste gerarchie e interagire con loro può arricchire il percorso spirituale di un individuo, offrendo protezione, guida e una connessione più profonda con il divino.

Capitolo 5:

L'Anima, il Karma e l'Equazione Soprannaturale

L'idea che l'anima faccia la sua apparizione nel mondo fisico in base a un algoritmo matematico o un'equazione soprannaturale collegata al karma delle vite precedenti è una prospettiva affascinante che unisce elementi di spiritualità, metafisica e filosofia karmica. Questa concezione suggerisce che ci sia un ordine divino e una logica sottostante al processo di reincarnazione e alla manifestazione dell'anima nel mondo fisico.

L'Equazione Soprannaturale del Karma

Karma e Reincarnazione:

Il karma è la legge universale di causa ed effetto, dove ogni azione, pensiero o intenzione genera un risultato corrispondente.

Questo risultato può manifestarsi in questa vita o in quelle future. La reincarnazione è il processo attraverso il quale l'anima ritorna nel mondo fisico per sperimentare e risolvere il karma accumulato nelle vite precedenti.

Algoritmo o Equazione Soprannaturale:

L'idea di un algoritmo o equazione soprannaturale implica che ci sia un complesso sistema di calcolo divino che determina quando e come un'anima si reincarna. Questo sistema tiene conto di vari fattori karmici, tra cui:

1. **Azioni Passate (Karma)**:
Le azioni buone e cattive accumulate dall'anima in tutte le sue vite precedenti.

2. **Desideri e Intenti**:
I desideri insoddisfatti e le intenzioni non realizzate che l'anima porta con sé.

3. **Lezioni da Imparare**:
Le lezioni spirituali e morali che l'anima deve apprendere per evolvere.

4. **Debiti e Crediti Karmici**:
Gli obblighi karmici verso altre anime, che possono richiedere interazioni specifiche in vite future.

5. **Momento e Circostanze**:
Il tempo e le circostanze ideali per la reincarnazione, che massimizzano le opportunità di crescita spirituale.

Risolvere l'Equazione Prima di Incarnarsi

Processo di Pianificazione:

Secondo alcune tradizioni spirituali, prima di reincarnarsi, l'anima passa attraverso un processo di pianificazione in cui revisione il proprio karma e determina il percorso migliore per la crescita spirituale. Questo processo può coinvolgere la guida di esseri superiori o maestri spirituali.

Scelta delle Condizioni di Vita:

L'anima potrebbe scegliere specifiche condizioni di vita, come la famiglia, il luogo di nascita, le sfide e le opportunità, in modo da risolvere efficacemente il karma e progredire spiritualmente.

Libero Arbitrio e Destino:

Sebbene l'equazione soprannaturale possa stabilire le condizioni di base della reincarnazione, l'anima conserva il libero arbitrio. Questo significa che, mentre le influenze karmiche determinano molte circostanze, l'individuo ha la capacità di prendere decisioni che influenzano il proprio destino e il karma futuro.

Sintesi della Teoria

1. **Ordine Divino**:

Esiste un ordine divino e una logica nel processo di reincarnazione, basato sul karma e sul progresso spirituale.

2. **Equazione Karmica**:
Un algoritmo o equazione soprannaturale complesso determina il momento e le circostanze della reincarnazione, tenendo conto del karma accumulato.

3. **Pianificazione Spirituale**:
L'anima partecipa a un processo di pianificazione, scegliendo le condizioni di vita ideali per la crescita spirituale.

4. **Libero Arbitrio**:
Nonostante l'influenza karmica, l'anima ha il libero arbitrio per fare scelte che influenzano il proprio percorso e il proprio destino.

Conclusione

L'idea che la nostra anima faccia la sua apparizione nel mondo fisico attraverso un algoritmo o un'equazione soprannaturale collegata al karma delle vite precedenti offre una prospettiva affascinante e complessa sulla reincarnazione e il destino.

Questo modello sottolinea l'importanza delle azioni, delle intenzioni e delle lezioni
spirituali, suggerendo che la nostra vita presente è il risultato di un processo di calcolo divino che mira alla nostra crescita e realizzazione spirituale.

Capitolo 6:

La Connessione tra Pianeti, Ghiandola Pineale e Pituitaria

La prima illustrazione per la connessione tra Pianeti, Ghiandola Pineale e Pituitaria.

La ghiandola pineale e la ghiandola pituitaria sono spesso associate a funzioni spirituali e metafisiche in varie tradizioni esoteriche. La connessione tra questi centri energetici e i pianeti, come Venere, è un concetto che trova riscontro in molte pratiche spirituali, comprese l'Astrologia Vedica e altre forme di astrologia e mistica.

Ghiandola Pineale e Pituitaria: Centri di Energia Spirituale

Ghiandola Pineale:

- **Posizione e Funzione**: La ghiandola pineale è situata al centro del cervello e spesso viene chiamata "terzo occhio" o "sede dell'anima". È responsabile della produzione di melatonina, un ormone che regola i cicli del sonno e della veglia.

- **Ruolo Spirituale**: La ghiandola pineale è associata alla percezione intuitiva e alla visione interiore. Molte tradizioni esoteriche la considerano un portale verso stati superiori di coscienza e connessione spirituale.

Ghiandola Pituitaria:

- **Posizione e Funzione**: La ghiandola pituitaria è situata alla base del cervello e spesso viene chiamata "ghiandola maestra" perché controlla molte altre ghiandole endocrine nel corpo. Secreta ormoni che regolano diverse funzioni corporee.

- **Ruolo Spirituale**: La ghiandola pituitaria è collegata alla sfera mentale e alla regolazione del corpo fisico. È considerata il centro della volontà e dell'energia vitale.

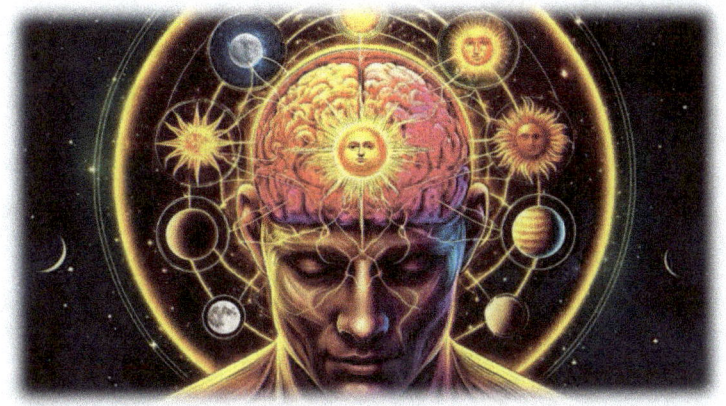

Questa illustrazione mostra le ghiandole pineale e pituitaria collegate ai pianeti Venere, Sole e Luna, enfatizzando le influenze spirituali.

Connessione con i Pianeti

Influenza di Venere:

- **Venere e la Pineale**: Secondo alcune credenze, Venere, il pianeta dell'amore, della bellezza e dell'armonia, invia energie che influenzano la ghiandola pineale. Questo può manifestarsi come un aumento dell'intuizione, della creatività e della sensibilità emotiva.
- **Stimolazione Spirituale**: La stimolazione della ghiandola pineale da parte di Venere può facilitare l'apertura del terzo occhio, portando visioni e comprensioni più profonde.

Ghiandole e Pianeti:

- **Connessioni Planetarie**: Ogni pianeta è associato a specifiche ghiandole e centri energetici nel corpo. Ad esempio:

- **Sole**:
Associato alla ghiandola pineale e al cuore.

- **Luna**:
Associata alla ghiandola pituitaria e alla mente subconscia.

- **Marte**:
Associato alle ghiandole surrenali e all'energia fisica.

- **Giove**:
Associato al fegato e alla crescita spirituale.

- **Saturno**: Associato alle ossa e alla struttura del corpo.

Mappa del Karma nel Cervello

Mappa Karmica:

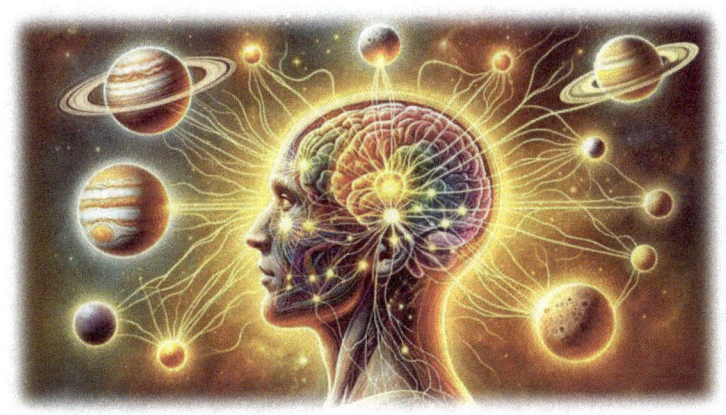

Questa illustrazione rappresenta la ghiandola pineale e pituitaria con connessioni ai pianeti Marte, Giove e Saturno, sottolineando l'influenza energetica.

- **Registri Akashici**: Alcune tradizioni spirituali affermano che il cervello contiene una "mappa" karmica, una sorta di archivio delle esperienze passate e delle lezioni da apprendere. Questo è a volte associato ai registri akashici, che conservano la memoria di tutte le anime.

- **Coscienza e Libero Arbitrio**: Sebbene il karma influenzi le predisposizioni e le circostanze, il libero arbitrio consente all'individuo di fare scelte che possono trasformare il karma e creare un futuro nuovo.

Il Ruolo del Libero Arbitrio

Inamovibilità del Karma:
- **Lezioni Karmiche**: Alcuni aspetti del karma sono predeterminati come lezioni che l'anima ha scelto di apprendere in questa vita.
Questi includono esperienze cruciali per la crescita spirituale.

Libero Arbitrio e Trasformazione:
- **Scelta e Azione**: Mentre il karma crea un quadro di predisposizioni e sfide, il libero arbitrio permette di scegliere come reagire a queste influenze.
Le azioni consapevoli possono mitigare o amplificare il karma.
- **Evoluzione Spirituale**: Attraverso pratiche spirituali, come la meditazione, il servizio disinteressato e la devozione, si può trasformare il karma negativo e accelerare l'evoluzione spirituale.

Conclusione

La connessione tra i pianeti, la ghiandola pineale e pituitaria, e il karma delle vite precedenti, suggerisce un complesso sistema di interazioni tra l'universo fisico e metafisico. Mentre le influenze planetarie e karmiche creano una mappa di predisposizioni e circostanze, il libero arbitrio permette di navigare e trasformare questa mappa attraverso scelte consapevoli e pratiche spirituali.

Questo equilibrio tra destino e libero arbitrio offre un percorso dinamico per la crescita personale e spirituale.

Capitolo 7:

Saturno nell'Astrologia Vedica: Tabula Rasa, Karma e Influenza

La prima illustrazione per Saturno nell'Astrologia Vedica: Tabula Rasa, Karma e Influenza.

Saturno, noto come **Shani** nell'Astrologia Vedica, è uno dei pianeti più temuti e rispettati per la sua potente influenza. Le sue energie sono complesse e multilivello, toccando vari aspetti della vita umana, inclusi il karma, le difficoltà e le trasformazioni profonde.

Saturno e il Karma

Significato di Saturno (Shani):

- **Karma**: Saturno è spesso associato al karma, la legge universale di causa ed effetto. È considerato il pianeta che presiede la giustizia karmica, portando risultati delle azioni passate (sia buone che cattive) nella vita presente.

- **Responsabilità**: Saturno ci costringe a confrontarci con le nostre responsabilità e a risolvere i debiti karmici. È il pianeta della disciplina, del dovere e della perseveranza.

Saturno e la "Tabula Rasa"

Tabula Rasa:

- **Rinnovamento**: Saturno ha la capacità di distruggere vecchie strutture, abitudini e schemi di pensiero che non sono più utili. Questo processo di demolizione permette un nuovo inizio, una sorta di "tabula rasa".

- **Ricostruzione**: Dopo aver fatto "tabula rasa", Saturno incoraggia la costruzione di nuove fondamenta basate su saggezza, disciplina e maturità.

Questa illustrazione mostra Saturno come un maestro severo, con simboli di disciplina e responsabilità, influenzando il karma umano.

Saturno e il Male

Influenza di Saturno:
- **Difficoltà e Prove**: Saturno è noto per portare difficoltà, ritardi e prove. Questi ostacoli sono visti come opportunità per crescere e sviluppare resilienza. Le sfide di Saturno ci costringono a lavorare duramente e a diventare più forti.
- **Male o Insegnamento?**: Anche se Saturno è spesso percepito come un portatore di male, il suo vero scopo è insegnare. Le difficoltà che presenta sono lezioni che ci aiutano a evolvere e a comprendere meglio la vita e noi stessi.

Stimolazione del Male:

- **Rafforzamento del Carattere**: Le difficoltà portate da Saturno possono sembrare malvagie, ma servono a rafforzare il carattere e a purificare l'anima. Saturno ci costringe a confrontarci con le nostre paure e debolezze, trasformandoci attraverso il dolore e la sofferenza.
- **Purificazione Karmica**: Le esperienze difficili associate a Saturno possono essere viste come un processo di purificazione karmica, dove l'anima si libera delle impurità attraverso le sfide e le prove.

Come Affrontare l'Influenza di Saturno
Pratiche Spirituali:
- **Mantra di Saturno**:
Recitare il mantra "Om Sham Shanaishcharaya Namah" può aiutare a pacificare l'influenza di Saturno.

Questa illustrazione rappresenta Saturno portando prove e difficoltà, con una figura umana che attraversa sfide ma emergendo più forte.

- **Servizio e Disciplina**:
Impegnarsi in atti di servizio disinteressato e mantenere una disciplina rigorosa può aiutare a mitigare gli effetti negativi di Saturno.
- **Accettazione e Pazienza**:
Accettare le lezioni di Saturno con pazienza e umiltà è fondamentale. La resistenza alle sue influenze può aumentare la sofferenza, mentre l'accettazione facilita la crescita.

Rimedi Astrologici:
- **Gemma di Zaffiro Blu**:
Indossare uno zaffiro blu può aiutare a bilanciare le energie di Saturno.
- **Donazioni**:
Fare donazioni a persone bisognose e servire i meno fortunati è un modo potente per placare Saturno.
- **Rituali e Pujas**:
Partecipare a rituali e pujas dedicati a Saturno può aiutare a ottenere la sua benevolenza.

Conclusione

Saturno è un pianeta che rappresenta la giustizia karmica, la disciplina e la trasformazione attraverso le difficoltà. Anche se può sembrare un portatore di male, il suo vero scopo è insegnare e purificare. Affrontare le lezioni di Saturno con pazienza, disciplina e accettazione può portare a una profonda crescita spirituale e a una maggiore comprensione del proprio karma e destino.

Capitolo 8:

Lezione o Missione: Aiutare l'Umanità con l'Astrologia Vedica

Un astrologo che fornisce consulenza utilizzando le carte vediche, circondato da persone che ricevono intuizioni.

Se desiderate utilizzare l'Astrologia Vedica per aiutare l'umanità, è importante comprendere che questa antica scienza non è solo uno strumento per la predizione, ma una guida per la crescita spirituale e il miglioramento personale.

Ecco come potete intraprendere questa missione e offrire un reale contributo al benessere dell'umanità.

Comprendere l'Astrologia Vedica

1. Studio Profondo e Continuo:

- **Formazione**:
Iniziate con una formazione approfondita presso scuole di astrologia vedica riconosciute o con insegnanti esperti.

- **Testi Sacri**:
Studiate i testi sacri vedici come i Veda, i Purana, e in particolare il Brihat Parashara Hora Shastra, che è uno dei testi fondamentali sull'astrologia vedica.

- **Pratica Costante**:
La pratica continua di interpretazione delle carte astrali è essenziale per affinare le vostre capacità e comprendere profondamente le dinamiche astrologiche.

2. Etica e Integrità:

- **Intento Puro**:
Avvicinatevi all'astrologia vedica con un intento puro, desiderando sinceramente di aiutare gli altri piuttosto che trarne vantaggio personale.

- **Consulenza Responsabile**:
Offrite consulenza astrologica con integrità, evitando di creare dipendenze o paure irragionevoli nei vostri clienti.

Un astrologo che educa un gruppo di persone sull'astrologia vedica, spiegando le carte vediche e l'influenza dei pianeti.

Offrire Servizi Astrologici per il Bene dell'Umanità

3. Consulenza Personalizzata:

- **Guida e Supporto**:
Utilizzate l'astrologia vedica per fornire guida e supporto personalizzati, aiutando le persone a comprendere le loro sfide karmiche e come superarle.

 - **Previsioni Equilibrate**:
Offrite previsioni equilibrate, enfatizzando il libero arbitrio e le scelte consapevoli che possono trasformare il karma.

4. Educazione e Formazione:

- **Workshops e Seminari**:
Organizzate workshops e seminari per educare le persone sull'astrologia vedica, i suoi principi e come può essere utilizzata per migliorare la vita quotidiana.

- **Pubblicazioni**:
Scrivete libri, articoli e blog per diffondere la conoscenza dell'astrologia vedica e i suoi benefici.

Promuovere la Crescita Spirituale
5. Rimedi Astrologici:

- **Gemme e Mantra**:
Suggerite l'uso di gemme specifiche e mantra per armonizzare le influenze planetarie e alleviare le difficoltà karmiche.

- **Rituali e Pujas**:
Consigliate rituali e pujas per pacificare i pianeti malefici e ottenere benedizioni dai pianeti benefici.
6. Sviluppo Personale e Spirituale:

- **Meditazione e Yoga**:
Promuovete la pratica della meditazione e dello yoga per aiutare le persone a connettersi con la loro essenza divina e superare le influenze negative.

L'aspetto spirituale dell'aiutare l'umanità con l'astrologia vedica, mostrando un astrologo in meditazione, con simboli vedici e un'aura radiante connessa ai pianeti.

 - **Consapevolezza del Karma**:
Aiutate le persone a comprendere il loro karma e a lavorare consapevolmente per la sua risoluzione, promuovendo una vita di integrità, compassione e servizio.

Contributo alla Comunità

7. Servizio alla Comunità:

  - **Volontariato**:
Offrite servizi astrologici gratuiti o a basso costo a comunità svantaggiate, utilizzando l'astrologia per portare speranza e orientamento.

- **Collaborazioni**: Collaborate con altre organizzazioni spirituali e di benessere per integrare l'astrologia vedica in programmi di supporto comunitario.

8. Sviluppo Sostenibile:

- **Progetti di Beneficenza**: Utilizzate i proventi delle vostre consulenze per sostenere progetti di beneficenza che promuovano l'educazione, la salute e il benessere delle comunità.

Conclusione

Se desiderate aiutare l'umanità attraverso l'astrologia vedica, la vostra missione deve essere guidata da un sincero desiderio di servizio e crescita spirituale. Attraverso una formazione approfondita, un'etica solida e un approccio compassionevole, potete utilizzare questa antica scienza per portare luce e guida nelle vite delle persone, contribuendo al loro benessere e alla loro evoluzione spirituale.

FINE

Astrologia Vedica e Karma
Antica Scienza Sacra

Introduzione:

L'Astrologia Vedica affonda le sue radici nei Veda, gli antichi testi sacri dell'India, e si sviluppa attraverso una tradizione orale e scritta che risale a migliaia di anni fa. Essa è una disciplina che combina la scienza dell'osservazione celeste con la filosofia spirituale. Il termine "Jyotish" deriva dal sanscrito e significa "scienza della luce", sottolineando il suo ruolo nel rivelare la verità nascosta nelle stelle e nei pianeti.

L'astrologia occidentale e quella vedica, pur condividendo alcune similitudini, differiscono in molti aspetti fondamentali. L'Astrologia Vedica si basa sullo zodiaco siderale, che considera le posizioni reali delle costellazioni, a differenza dello zodiaco tropicale utilizzato in occidente. Inoltre, l'approccio vedico è intrinsecamente legato ai concetti di karma e reincarnazione, offrendo una prospettiva unica sul destino individuale e collettivo.

Questo libro è strutturato per accompagnarti passo dopo

passo nella scoperta dell'Astrologia Vedica. Inizieremo con i concetti di base, come i pianeti (graha), le case astrologiche (bhava) e i segni zodiacali (rashi), per poi esplorare temi più avanzati come i dashas (periodi planetari) e i vari yoga (configurazioni planetarie). Ogni capitolo è pensato per costruire una comprensione solida e progressiva, arricchita da esempi pratici e applicazioni reali.

Il nostro viaggio ci porterà a esplorare non solo le tecniche predittive, ma anche gli aspetti terapeutici e spirituali della Jyotish. Scopriremo come l'astrologia possa essere un mezzo per la crescita personale, aiutandoci a riconoscere i nostri punti di forza e le nostre sfide, e a trovare l'equilibrio tra le influenze celesti e le nostre azioni terrene.

Con l'auspicio che questo libro possa illuminare il tuo cammino, ti invito a immergerti nella saggezza dell'Astrologia Vedica. Che la luce delle stelle possa guidarti verso una comprensione più profonda di te stesso e del tuo posto nell'universo.

Buona Lettura!

Capitolo 1:

Le Basi dell'Astrologia Vedica

Questa illustrazione mostra l'Astrologia Vedica

1.1 Introduzione alla Jyotish

L'Astrologia Vedica, o Jyotish, è uno strumento potente per comprendere le influenze celesti sulla vita umana. Fondata sui Veda, i testi sacri dell'India, questa scienza antica si è sviluppata per millenni, integrando osservazioni astronomiche con principi spirituali e filosofici. In questo capitolo, esploreremo le basi della Jyotish, introducendo i concetti fondamentali che guideranno il nostro studio.

1.2 Lo Zodiaco Siderale
A differenza dell'astrologia occidentale, che utilizza lo zodiaco tropicale, l'Astrologia Vedica si basa sullo zodiaco siderale. Questo sistema considera le posizioni reali delle costellazioni, prendendo in conto la precessione degli equinozi, un fenomeno astronomico che provoca uno spostamento graduale delle costellazioni rispetto alla Terra. Comprendere questa differenza è essenziale per apprezzare l'approccio vedico all'astrologia.

1.3 I Pianeti (Graha)
ella Jyotish, i pianeti sono chiamati "graha", un termine che significa "catturatore". Essi rappresentano le forze cosmiche che influenzano vari aspetti della nostra vita. I nove graha principali sono:

Questa illustrazione mostra la rappresentazione dei

pianeti (graha) nell'Astrologia Vedica, evidenziando i loro simboli, significati e influenze.

1. **Surya (Sole)**: Rappresenta l'anima, l'ego, la vitalità e il potere.
2. **Chandra (Luna)**: Simboleggia la mente, le emozioni, la madre e il benessere.
3. **Mangala (Marte)**: Associato all'energia, al coraggio, all'azione e alla guerra.
4. **Budha (Mercurio)**: Indica l'intelligenza, la comunicazione e il commercio.
5. **Guru (Giove)**: Rappresenta la saggezza, la conoscenza, la prosperità e il benessere spirituale.
6. **Shukra (Venere)**: Simboleggia l'amore, la bellezza, l'arte e il piacere.
7. **Shani (Saturno)**: Associazione con la disciplina, il karma, le difficoltà e la perseveranza.
8. **Rahu (Nodo Nord della Luna)**: Rappresenta l'illusione, i desideri mondani e l'ambizione.
9. **Ketu (Nodo Sud della Luna)**: Indica la spiritualità, la liberazione e le esperienze passate.

1.4 Le Case Astrologiche (Bhava)

Il cielo è diviso in dodici sezioni chiamate case astrologiche o "bhava". Ogni casa rappresenta un aspetto specifico della vita umana:

1. **Prima Casa (Lagna o Ascendente)**: La personalità, l'aspetto fisico, la vitalità.
2. **Seconda Casa**: Le finanze, la famiglia, la parola.
3. **Terza Casa**: I fratelli, il coraggio, la comunicazione.
4. **Quarta Casa**: La madre, la casa, la felicità domestica.
5. **Quinta Casa**: I figli, la creatività, l'educazione.
6. **Sesta Casa**: La salute, i nemici, i debiti.
7. **Settima Casa**: Il matrimonio, i partner, le relazioni.
8. **Ottava Casa**: La morte, i segreti, le trasformazioni.
9. **Nona Casa**: La fortuna, la spiritualità, i viaggi lontani.
10. **Decima Casa**: La carriera, il successo, l'onore.
11. **Undicesima Casa**: Gli amici, le ambizioni, i guadagni.
12. **Dodicesima Casa**: La perdita, l'isolamento, la liberazione spirituale.

1.5 I Segni Zodiacali (Rashi)

I dodici segni zodiacali, o "rashi", sono le costellazioni che formano il percorso apparente del Sole nel cielo. Ogni rashi ha caratteristiche specifiche che influenzano il comportamento e la personalità delle persone nate sotto quel segno:

Questa illustrazione rappresenta le dodici case astrologiche (bhava) dell'Astrologia Vedica, mostrando il loro significato e la loro influenza sulla vita umana.

1. **Ariete (Mesha)**: Energia, iniziativa, impetuosità.
2. **Toro (Vrishabha)**: Stabilità, sensualità, praticità.
3. **Gemelli (Mithuna)**: Comunicazione, adattabilità, curiosità.
4. **Cancro (Karka)**: Emozioni, nutrimento, protezione.
5. **Leone (Simha)**: Leadership, orgoglio, creatività.
6. **Vergine (Kanya)**: Precisione, servizio, analisi.
7. **Bilancia (Tula)**: Armonia, relazioni, diplomazia.
8. **Scorpione (Vrischika)**: Intensità, trasformazione, segretezza.
9. **Sagittario (Dhanu)**: Avventura, filosofia, espansione.

10. **Capricorno (Makara)**: Disciplina, ambizione, pragmatismo.
11. **Acquario (Kumbha)**: Innovazione, umanitarismo, indipendenza.
12. **Pesci (Meena)**: Compassione, spiritualità, sogni.

1.6 Conclusione

Conoscere le basi dell'Astrologia Vedica è il primo passo verso una comprensione più profonda delle sue applicazioni e della sua saggezza. Nei capitoli successivi, esploreremo come questi elementi fondamentali interagiscono tra loro per rivelare i segreti del nostro destino e del nostro percorso karmico. L'obiettivo è fornire al lettore gli strumenti necessari per interpretare una carta astrologica vedica e per utilizzare questa conoscenza per la crescita personale e spirituale.

Capitolo 2:

La Carta Astrale Vedica

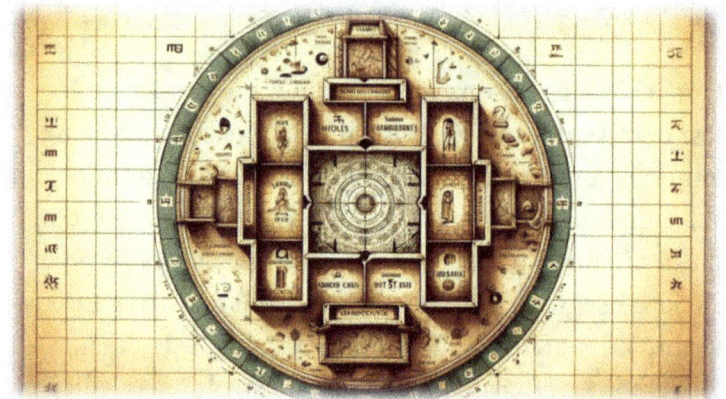

Questa illustrazione mostra la carta astrale vedica

2.1 Introduzione alla Carta Astrale

La carta astrale, o "Kundli", è una rappresentazione grafica della posizione dei pianeti nel cielo al momento della nascita di una persona. Questa mappa celeste è lo strumento principale utilizzato nell'Astrologia Vedica per analizzare il destino, il carattere e le potenzialità di un individuo. In questo capitolo, esploreremo come leggere e interpretare una carta astrale vedica, passo dopo passo.

2.2 Struttura della Carta Astrale
La carta astrale vedica è divisa in dodici case, ognuna delle quali rappresenta un aspetto specifico della vita. Le case sono disposte in una griglia che può variare in base al sistema utilizzato (ad esempio, il sistema di case quadrate o il sistema di case romboidali). Ogni casa è occupata da uno dei dodici segni zodiacali e può ospitare uno o più pianeti.

2.3 L'Ascendente (Lagna)
L'ascendente, o "Lagna", è il segno zodiacale che sorge all'orizzonte orientale al momento della nascita. È uno degli elementi più importanti della carta astrale poiché determina la disposizione delle case e influenza fortemente la personalità e il destino dell'individuo. L'ascendente indica il punto di partenza della vita e rappresenta il corpo fisico e l'ego.

Questa illustrazione mostra l'ascendente (Lagna) e la

sua importanza nella carta astrale vedica, evidenziando come influenza le case e i pianeti.

2.4 I Pianeti nelle Case

I pianeti nelle case astrologiche indicano come le diverse energie planetarie influenzano specifici settori della vita. Ogni pianeta porta con sé le sue caratteristiche uniche e quando occupa una casa, modula l'esperienza di quell'area della vita.

- **Sole (Surya) nelle Case**: Illumina e energizza l'area della vita rappresentata dalla casa.

- **Luna (Chandra) nelle Case**: Porta sensibilità e influenza emotiva.

- **Marte (Mangala) nelle Case**: Introduce energia, coraggio e assertività.

- **Mercurio (Budha) nelle Case**: Stimola l'intelletto, la comunicazione e il commercio.

- **Giove (Guru) nelle Cases**: Apporta saggezza, espansione e fortuna.

- **Venere (Shukra) nelle Case**: Influenza l'amore, la bellezza e il piacere.

- **Saturno (Shani) nelle Cases**: Introduce disciplina, restrizione e lezioni karmiche.

- **Rahu e Ketu nelle Cases**: Portano cambiamenti karmici, illusioni e spiritualità.

Questa illustrazione rappresenta gli aspetti planetari (Drishti) e come influenzano la carta astrale, mostrando esempi di aspetti benefici e malefici.

2.5 Aspetti Planetari (Drishti)

Gli aspetti planetari, o "Drishti", sono le influenze che i pianeti esercitano l'uno sull'altro attraverso determinate angolazioni. Questi aspetti possono essere benefici o malefici e influenzano significativamente l'interpretazione della carta astrale.

- **Aspetti Benefici**: Giove, Venere e Mercurio

tendono a portare energie positive quando formano aspetti con altri pianeti.

- **Aspetti Malefici**: Marte, Saturno, Rahu e Ketu possono portare sfide e difficoltà quando influenzano altri pianeti.

2.6 I Dashas (Periodi Planetari)

I Dashas sono periodi planetari che segnano le fasi della vita di una persona, governati da specifici pianeti. Il sistema di dashas più comune nell'Astrologia Vedica è il "Vimshottari Dasha", che copre un ciclo di 120 anni e si basa sulla posizione della Luna al momento della nascita.

Ogni dasha è suddiviso in sotto-periodi chiamati "bhukti" o "antardasha", che forniscono una comprensione più dettagliata delle influenze planetarie in determinati periodi di tempo. Comprendere i dashas è fondamentale per le previsioni accurate e per interpretare il karma di un individuo.

2.7 Esempio Pratico di Lettura della Carta Astrale

Per illustrare come leggere una carta astrale vedica, esaminiamo un esempio pratico. Supponiamo di avere una persona nata con l'ascendente in Leone (Simha) e con il Sole (Surya) in Bilancia (Tula) nella terza casa. Ecco un'interpretazione di base:

- **Ascendente in Leone**: Questa persona sarà orgogliosa, sicura di sé e dotata di leadership naturale.

- **Sole in Bilancia nella Terza Casa**: La loro comunicazione sarà chiara e potente, con un forte desiderio di armonia nelle relazioni con fratelli e vicini. Tuttavia, il Sole in Bilancia può anche indicare una tendenza a cercare approvazione dagli altri.

Analizzando ulteriormente la carta, possiamo esaminare i pianeti in altre case, gli aspetti tra i pianeti e i dashas attuali per fornire una lettura dettagliata e personalizzata.

2.8 Conclusione

Imparare a leggere e interpretare una carta astrale vedica richiede pratica e dedizione, ma fornisce un potente strumento per comprendere sé stessi e il proprio destino. In questo capitolo, abbiamo esplorato le basi della carta astrale, dall'ascendente ai pianeti nelle case, dagli aspetti ai dashas. Nei capitoli successivi, approfondiremo ulteriormente queste conoscenze, esplorando tecniche avanzate e applicazioni pratiche per la crescita personale e spirituale.

Capitolo 3:

Pianeti e loro Significati nell'Astrologia Vedica

Questa illustrazione mostra il suo significato nell'Astrologia Vedica

3.1 Introduzione ai Graha

In Jyotish, i pianeti sono noti come "graha" e rappresentano le energie cosmiche che influenzano la nostra vita. Ogni graha ha un ruolo unico e specifico nel modellare il destino di un individuo. Comprendere il significato di ciascun pianeta e le sue influenze è essenziale per interpretare correttamente una carta astrale vedica. In questo capitolo, esploreremo i nove principali graha e il loro impatto sulle diverse aree della vita.

Questa illustrazione mostra la Luna (Chandra) e il suo significato nell'Astrologia Vedica

3.2 Il Sole (Surya)

- **Rappresenta**: L'anima, l'ego, la vitalità, l'autorità.

- **Simbolismo**: Surya è considerato il re dei pianeti, simbolizzando il potere, la leadership e la forza vitale. Il Sole indica il nostro scopo nella vita, la nostra individualità e la capacità di brillare.

- **Posizione Favorita**: Leone (Simha).

- **Debilitazione**: Bilancia (Tula).

- **Effetti Positivi**: Forza di volontà, successo, rispetto, salute.

- **Effetti Negativi**: Orgoglio eccessivo, autoritarismo, problemi di salute legati al cuore e alla vista.

3.3 La Luna (Chandra)

- **Rappresenta**: La mente, le emozioni, la madre, il benessere.
- **Simbolismo**: Chandra governa il mondo delle emozioni e dei sentimenti. La Luna riflette la nostra mente subconscia e la nostra capacità di nutrire e essere nutriti.

- **Posizione Favorita**: Cancro (Karka).

- **Debilitazione**: Scorpione (Vrischika).

- **Effetti Positivi**: Intuizione, adattabilità, cura, stabilità emotiva.

- **Effetti Negativi**: Instabilità emotiva, insicurezza, fluttuazioni mentali.

3.4 Marte (Mangala)

- **Rappresenta**: L'energia, il coraggio, l'azione, la guerra.

- **Simbolismo**: Marte è il pianeta della forza, della determinazione e del desiderio di affermarsi. Rappresenta la nostra capacità di agire e di affrontare le sfide.

- **Posizione Favorita**: Ariete (Mesha) e Scorpione (Vrischika).

- **Debilitazione**: Cancro (Karka).

- **Effetti Positivi**: Coraggio, determinazione, leadership, assertività.

- **Effetti Negativi**: Aggressività, conflitto, impulsività, incidenti.

3.5 Mercurio (Budha)

- **Rappresenta**: L'intelligenza, la comunicazione, il commercio, la logica.

- **Simbolismo**: Budha è il pianeta della mente razionale, delle capacità comunicative e del pensiero analitico. Governa l'apprendimento, il commercio e le abilità oratorie.

- **Posizione Favorita**: Gemelli (Mithuna) e Vergine (Kanya).

- **Debilitazione**: Pesci (Meena).

- **Effetti Positivi**: Intelligenza, eloquenza, adattabilità, affari prosperi.

- **Effetti Negativi**: Inganno, nervosismo, indecisione, problemi di comunicazione.

3.6 Giove (Guru)

- **Rappresenta**: La saggezza, la conoscenza, la prosperità, il benessere spirituale.

- **Simbolismo**: Giove è il pianeta della crescita, della fortuna e dell'espansione. Rappresenta l'insegnante, il mentore e la guida spirituale.

- **Posizione Favorita**: Sagittario (Dhanu) e Pesci (Meena).

- **Debilitazione**: Capricorno (Makara).

- **Effetti Positivi**: Saggezza, successo, ricchezza, ottimismo.

- **Effetti Negativi**: Eccessiva fiducia, indulgenza, spreco, arroganza.

3.7 Venere (Shukra)

- **Rappresenta**: L'amore, la bellezza, l'arte, il piacere.

- **Simbolismo**: Shukra è il pianeta del desiderio, del lusso e dell'armonia. Rappresenta le relazioni, la creatività e il godimento dei piaceri della vita.
- **Posizione Favorita**: Toro (Vrishabha) e Bilancia (Tula).
- **Debilitazione**: Vergine (Kanya).
- **Effetti Positivi**: Amore, bellezza, armonia, prosperità.

- **Effetti Negativi**: Eccessiva sensualità, vanità, lussuria, pigrizia.

3.8 Saturno (Shani)

- **Rappresenta**: La disciplina, il karma, le difficoltà, la perseveranza.

- **Simbolismo**: Shani è il pianeta delle lezioni difficili, della responsabilità e del lavoro duro. Rappresenta il tempo, il karma e la giustizia.

- **Posizione Favorita**: Capricorno (Makara) e Acquario (Kumbha).

- **Debilitazione**: Ariete (Mesha).

- **Effetti Positivi**: Disciplina, pazienza, determinazione, saggezza maturata.

- **Effetti Negativi**: Restrizioni, ritardi, depressione, isolamento.

Questa illustrazione rappresenta Marte (Mangala) e il suo significato nell'Astrologia Vedica

3.9 Rahu e Ketu

- **Rahu (Nodo Nord della Luna)**: Rappresenta l'illusione, i desideri mondani e l'ambizione. Rahu è il pianeta delle esperienze materiali, della crescita e delle sfide karmiche. Porta con sé un'energia di espansione e desiderio irrefrenabile.

- **Posizione Favorita**: Gemelli (Mithuna) e Vergine (Kanya).
- **Debilitazione**: Sagittario (Dhanu) e Pesci (Meena).
- **Effetti Positivi**: Innovazione, progresso, cambiamenti significativi.
- **Effetti Negativi**: Ossessioni, confusione, inganno, eccessi.
- **Ketu (Nodo Sud della Luna)**: Indica la spiritualità, la liberazione e le esperienze passate. Ketu è il pianeta della rinuncia, dell'introspezione e del distacco dai desideri materiali.
- **Posizione Favorita**: Sagittario (Dhanu) e Pesci (Meena).
- **Debilitazione**: Gemelli (Mithuna) e Vergine (Kanya).
- **Effetti Positivi**: Saggezza spirituale, intuizione, distacco.
- **Effetti Negativi**: Confusione, insicurezza, dispersione.

3.10 Applicazione Pratica

Interpretare i graha nella carta astrale richiede una combinazione di conoscenza teorica e intuizione pratica. Ogni pianeta porta con sé una storia che si intreccia con le altre influenze celesti per creare un quadro unico della vita di un individuo. Nei prossimi capitoli, approfondiremo ulteriormente le tecniche di interpretazione e le applicazioni pratiche dell'Astrologia Vedica.

3.11 Conclusione

La comprensione dei graha è fondamentale per qualsiasi praticante di Jyotish. Ogni pianeta non solo rappresenta energie e influenze specifiche, ma anche storie e lezioni karmiche che modellano la nostra vita. Continuando il nostro viaggio nell'Astrologia Vedica, impareremo a utilizzare queste conoscenze per leggere e interpretare le carte astrali in modo sempre più preciso e significativo.

Capitolo 4:

I Dashas - I Periodi Planetari nell'Astrologia Vedica

Questa illustrazione mostra la posizione della Luna e i Nakshatra

4.1 Introduzione ai Dashas

Nell'Astrologia Vedica, i Dashas rappresentano i periodi planetari che segnano le fasi della vita di un individuo. Questi periodi sono governati da specifici pianeti e influenzano notevolmente il destino, le esperienze e gli eventi della vita. Il sistema di Dashas più comunemente utilizzato è il Vimshottari Dasha, che copre un ciclo di 120 anni. In questo capitolo, esploreremo la struttura dei

Dashas, il loro significato e come interpretarli nella carta astrale.

4.2 Il Sistema Vimshottari Dasha

Il Vimshottari Dasha è basato sulla posizione della Luna al momento della nascita e divide la vita in periodi governati dai nove principali graha (pianeti). Ogni pianeta governa un periodo specifico della vita, che è ulteriormente suddiviso in sotto-periodi chiamati

"Bhukti" o "Antardasha".

- **Sole (Surya)**: 6 anni

- **Luna (Chandra)**: 10 anni

- **Marte (Mangala)**: 7 anni

- **Mercurio (Budha)**: 17 anni

- **Giove (Guru)**: 16 anni

- **Venere (Shukra)**: 20 anni

- **Saturno (Shani)**: 19 anni

- **Rahu**: 18 anni

- **Ketu**: 7 anni

4.3 Il Calcolo dei Dashas

Per calcolare i Dashas, è essenziale conoscere la posizione precisa della Luna nella carta natale. Il Nakshatra (costellazione) in cui si trova la Luna al momento della nascita determina l'inizio del ciclo dei Dashas. Ogni Nakshatra è associato a un pianeta, che inizia il ciclo del Dasha per l'individuo. Il tempo rimanente del primo Dasha è calcolato in base al grado di avanzamento della Luna nel Nakshatra.

4.4 Interpretazione dei Dashas

Interpretare i Dashas richiede una comprensione approfondita delle influenze dei pianeti e delle case che governano. Ogni Dasha porta con sé eventi specifici e cambiamenti nella vita, influenzando vari aspetti come la carriera, le relazioni, la salute e la spiritualità. Vediamo un esempio pratico di interpretazione dei Dashas:

Questa illustrazione mostrerà il calcolo dei Dashas basato sulla posizione della Luna e i Nakshatra

Esempio di Interpretazione

Supponiamo che una persona entri nel Dasha di Giove (Guru). Giove è noto per portare saggezza, espansione e opportunità. Durante questo periodo, l'individuo potrebbe sperimentare:

- **Carriera**: Avanzamento professionale, successo negli studi o nell'insegnamento.

- **Relazioni**: Benefici nelle relazioni personali e familiari, possibilità di matrimonio o miglioramenti nella vita coniugale.

- **Salute**: Buona salute generale, ma attenzione all'eccesso di cibo e alle malattie legate all'obesità.

- **Spiritualità**: Crescita spirituale, interesse per la filosofia e la religione, viaggi spirituali.

4.5 I Sotto-Periodi (Antardasha)

Ogni Dasha è ulteriormente suddiviso in Antardasha, che sono i sotto-periodi governati dagli altri pianeti. Questi sotto-periodi modulano le influenze principali del Dasha, portando ulteriori dettagli e sfumature agli eventi della vita. Per esempio, durante il Dasha di Giove, un Antardasha di Marte potrebbe portare energia e assertività, influenzando positivamente la carriera ma causando possibili conflitti nelle relazioni.

Questa illustrazione rappresenta l'interpretazione dei Dashas e dei loro sotto-periodi (Antardasha)

4.6 Esempi Pratici di Calcolo dei Dashas

Per comprendere meglio il calcolo e l'interpretazione dei Dashas, esaminiamo alcuni esempi pratici basati su diverse posizioni della Luna e dei Nakshatra. Impareremo a calcolare l'inizio del ciclo dei Dashas, i sotto-periodi e come queste influenze si manifestano nella vita quotidiana.

Esempio 1: Luna in Ashwini Nakshatra
Se la Luna si trova in Ashwini Nakshatra al momento della nascita, il ciclo dei Dashas inizierà con Ketu, poiché Ashwini è governata da Ketu. Il periodo di Ketu durerà sette anni, seguito dal Dasha di Venere per venti anni, e così via. Analizzeremo come queste influenze si manifestano nella carta natale e negli eventi della vita.

Esempio 2: Luna in Rohini Nakshatra

Per una persona con la Luna in Rohini Nakshatra, il ciclo dei Dashas inizierà con la Luna, poiché Rohini è governata dalla Luna. Questo influenzerà la prima fase della vita, portando un'enfasi sulle emozioni, la madre e il benessere personale. Esamineremo le implicazioni di questo in dettaglio.

4.7 Conclusione

I Dashas offrono una mappa temporale dettagliata delle influenze planetarie sulla vita di un individuo. Comprendere e interpretare correttamente questi periodi è essenziale per fornire previsioni accurate e significative. Nei prossimi capitoli, approfondiremo ulteriormente le tecniche avanzate di interpretazione e applicazione pratica dei Dashas, esplorando come armonizzare le energie planetarie per la crescita personale e spirituale.

Capitolo 5:

Yoga Planetari nell'Astrologia Vedica

Questa illustrazione mostra il Dhana Yoga

5.1 Introduzione agli Yoga

In Jyotish, il termine "yoga" si riferisce a particolari combinazioni planetarie che creano influenze specifiche nella carta astrale di una persona. Gli yoga sono considerati potenti configurazioni che possono avere effetti significativi sul destino, la personalità e le esperienze di vita di un individuo. In questo capitolo, esploreremo alcuni dei principali yoga planetari, il loro significato e come identificarli nella carta natale.

5.2 Raja Yoga

Il Raja Yoga è uno degli yoga più favorevoli e indica successo, potere e autorità. Questo yoga si forma quando i signori delle case angolari (Kendra) e trigonali (Trikona) si uniscono o si influenzano reciprocamente.

- **Formazione**: Coinvolge i signori della prima, quinta e nona casa (trigonali) e delle case quarta, settima e decima (angolari).

- **Effetti**: Porta prosperità, riconoscimento, successo professionale e autorità.

Questa illustrazione mostra il Dhana Yoga e il suo significato nell'Astrologia Vedica

5.3 Dhana Yoga

Il Dhana Yoga è associato alla ricchezza e alla prosperità finanziaria. Si forma quando i signori della seconda, quinta, nona e undicesima casa si combinano in determinati modi.

- **Formazione**: Coinvolge i signori della seconda (ricchezza), quinta (creatività), nona (fortuna) e undicesima (guadagni) casa.

- **Effetti**: Indica abbondanza, guadagni finanziari, successo negli investimenti e prosperità generale.

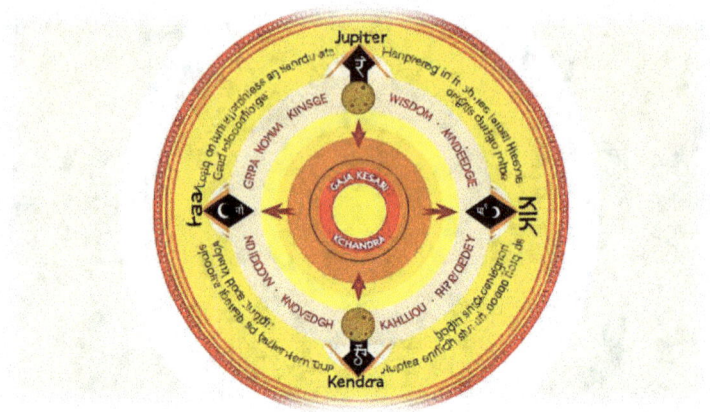

Questa illustrazione rappresenta il Gaja Kesari Yoga e il suo significato nell'Astrologia Vedica

5.4 Gaja Kesari Yoga

Il Gaja Kesari Yoga è considerato molto favorevole e si forma quando Giove (Guru) è in congiunzione o in quadratura con la Luna (Chandra).

- **Formazione**: Giove deve trovarsi in un angolo (Kendra) dalla Luna.

- **Effetti**: Porta saggezza, conoscenza, ricchezza, fama e una buona reputazione.

Questa illustrazione rappresenta il Gaja Kesari Yoga e il suo significato nell'Astrologia Vedica

5.5 Neecha Bhanga Raja Yoga

Questo yoga si forma quando un pianeta debilitato è compensato o "salvato" da certe condizioni favorevoli, trasformando così la debolezza in forza.

- **Formazione**: Il pianeta debilitato deve essere in un angolo (Kendra) dalla Luna o dall'ascendente, o deve essere accompagnato da un pianeta che è esaltato.

- **Effetti**: Rimozione delle difficoltà iniziali, successo dopo le avversità, elevazione sociale e riconoscimento.

5.6 Viparita Raja Yoga

Il Viparita Raja Yoga si forma quando i signori delle case malefiche (6ª, 8ª, 12ª) si trovano nelle case malefiche stesse o in congiunzione tra loro.

- **Formazione**: Coinvolge i signori delle case 6ª, 8ª e 12ª.

- **Effetti**: Superamento delle difficoltà, successo improvviso, vantaggi derivanti da situazioni sfavorevoli.

5.7 Kahala Yoga

Il Kahala Yoga indica forza, potere e determinazione. Si forma quando il signore della quarta casa si trova nella decima casa, o viceversa.

- **Formazione**: Interazione tra il signore della quarta e della decima casa.

- **Effetti**: Coraggio, capacità di superare gli ostacoli, successo nelle imprese.

5.8 Analisi degli Yoga nella Carta Astrale

Identificare gli yoga nella carta natale richiede una comprensione approfondita delle posizioni planetarie e delle case coinvolte. Vediamo alcuni esempi pratici di come gli yoga si manifestano e influenzano la vita di una persona.

Esempio 1: Raja Yoga

Una persona con il signore dell'ascendente (prima casa) e il signore della quinta casa in congiunzione nella decima casa potrebbe sperimentare un forte Raja Yoga. Questa configurazione porta successo professionale e riconoscimento pubblico.

Esempio 2: Dhana Yoga

Se il signore della seconda casa si trova nella quinta casa e il signore della nona casa si trova nella seconda casa, si forma un potente Dhana Yoga. Questo indica prosperità finanziaria e guadagni attraverso l'intelligenza e la creatività.

5.9 Interpretazione degli Yoga

L'interpretazione degli yoga deve tenere conto delle influenze complessive nella carta natale, inclusi gli aspetti, la dignità dei pianeti e le influenze dei Dashas. Gli yoga possono amplificare i risultati positivi o mitigare gli effetti negativi a seconda delle circostanze.

5.10 Conclusione

Gli yoga planetari sono configurazioni potenti che possono trasformare la vita di una persona in modo significativo. Comprendere questi yoga e il loro impatto è essenziale per fornire previsioni accurate e approfondite nell'Astrologia Vedica. Nei prossimi capitoli, esploreremo ulteriori tecniche avanzate di interpretazione e come armonizzare le influenze planetarie per una vita equilibrata e prospera.

Capitolo 6:

I Nakshatra - Le Costellazioni Lunari nell'Astrologia Vedica

Questa illustrazione mostra i Nakshatra e i Dashas

6.1 Introduzione ai Nakshatra

I Nakshatra sono le 27 costellazioni lunari che costituiscono la base dell'Astrologia Vedica. Ogni Nakshatra occupa una porzione di 13°20' del cielo e ha un'influenza unica sulla personalità e sul destino di un individuo. In questo capitolo, esploreremo il significato dei Nakshatra, il loro ruolo nella carta astrale e come interpretarli.

6.2 I 27 Nakshatra

Ogni Nakshatra è governato da un pianeta e associato a specifiche divinità, simboli e caratteristiche. Ecco una panoramica dei 27 Nakshatra:

1. **Ashwini**
    - **Significato**: I cavalli gemelli
    - **Governato da**: Ketu
    - **Caratteristiche**: Velocità, iniziativa, guarigione

2. **Bharani**
    - **Significato**: Il grembo
    - **Governato da**: Venere
    - **Caratteristiche**: Trasformazione, energia, disciplina

3. **Krittika**
   - **Significato**: Il coltello
   - **Governato da**: Sole
   - **Caratteristiche**: Forza, purificazione, aggressività

4. **Rohini**
   - **Significato**: Il carro rosso
   - **Governato da**: Luna
   - **Caratteristiche**: Bellezza, crescita, sensualità

5. **Mrigashira**
   - **Significato**: La testa di cervo
   - **Governato da**: Marte
   - **Caratteristiche**: Ricerca, curiosità, avventura

6. **Ardra**
   - **Significato**: La lacrima
   - **Governato da**: Rahu
   - **Caratteristiche**: Tempesta, emozioni intense, cambiamento

7. **Punarvasu**
   - **Significato**: Il ritorno della luce
   - **Governato da**: Giove
   - **Caratteristiche**: Rinascita, protezione, abbondanza

8. **Pushya**
   - **Significato**: Il fiore
   - **Governato da**: Saturno
   - **Caratteristiche**: Nutrimento, cura, devozione

9. **Ashlesha**
   - **Significato**: Il serpente
   - **Governato da**: Mercurio
   - **Caratteristiche**: Introspezione, mistero, manipolazione

10. **Magha**
    - **Significato**: Il trono
    - **Governato da**: Ketu
    - **Caratteristiche**: Potere, nobiltà, tradizione

11. **Purva Phalguni**
    - **Significato**: Il letto anteriore
    - **Governato da**: Venere
    - **Caratteristiche**: Creatività, piacere, romanticismo

12. **Uttara Phalguni**
    - **Significato**: Il letto posteriore
    - **Governato da**: Sole
    - **Caratteristiche**: Servizio, generosità, matrimonio

13. **Hasta**
    - **Significato**: La mano
    - **Governato da**: Luna
    - **Caratteristiche**: Destrezza, lavoro manuale, ingegno

14. **Chitra**
    - **Significato**: La perla brillante
    - **Governato da**: Marte
    - **Caratteristiche**: Brillantezza, arte, perfezione

15. **Swati**
    - **Significato**: L'indipendente
    - **Governato da**: Rahu
    - **Caratteristiche**: Libertà, movimento, adattabilità

16. **Vishakha**
    - **Significato**: Il ramo biforcato
    - **Governato da**: Giove
    - **Caratteristiche**: Determinazione, dualità, crescita

17. **Anuradha**
    - **Significato**: La successiva
    - **Governato da**: Saturno
    - **Caratteristiche**: Amicizia, devozione, successo

18. **Jyeshtha**
    - **Significato**: Il più anziano
    - **Governato da**: Mercurio
    - **Caratteristiche**: Autorità, protezione, saggezza

19. **Mula**
    - **Significato**: La radice
    - **Governato da**: Ketu
    - **Caratteristiche**: Radici profonde, distruzione, trasformazione

20. **Purva Ashadha**
    - **Significato**: La vittoria iniziale
    - **Governato da**: Venere
    - **Caratteristiche**: Forza, determinazione, invincibilità

21. **Uttara Ashadha**
    - **Significato**: La vittoria finale
    - **Governato da**: Sole
    - **Caratteristiche**: Persistenza, leadership, successo

22. **Shravana**
    - **Significato**: L'ascolto
    - **Governato da**: Luna
    - **Caratteristiche**: Apprendimento, comunicazione, osservazione

23. **Dhanishta**
    - **Significato**: La più ricca
    - **Governato da**: Marte
    - **Caratteristiche**: Musica, ricchezza, successo

24. **Shatabhisha**
    - **Significato**: I cento guaritori
    - **Governato da**: Rahu
    - **Caratteristiche**: Guarigione, mistero, indipendenza

25. **Purva Bhadrapada**
    - **Significato**: La gamba anteriore del lettino
    - **Governato da**: Giove
    - **Caratteristiche**: Trasformazione, passione, idealismo

26. **Uttara Bhadrapada**
    - **Significato**: La gamba posteriore del lettino
    - **Governato da**: Saturno
    - **Caratteristiche**: Stabilità, profondità, compassione

27. **Revati**
    - **Significato**: Il ricco
    - **Governato da**: Mercurio
    - **Caratteristiche**: Prosperità, nutrimento, completamento

6.3 Interpretazione dei Nakshatra

I Nakshatra influenzano profondamente la carta natale e la personalità di un individuo. Ogni Nakshatra ha una simbologia e un archetipo che si riflette nel comportamento e nel destino di una persona. L'interpretazione dei Nakshatra richiede una comprensione delle loro divinità tutelari, dei simboli e delle storie mitologiche.

Questa illustrazione mostra la connessione tra i Nakshatra e i Dashas

6.4 Nakshatra e Dashas

I Nakshatra giocano un ruolo cruciale nel calcolo dei Dashas. Il Nakshatra in cui si trova la Luna al momento della nascita determina l'inizio del ciclo dei Dashas, influenzando così i periodi della vita di una persona.

Questa illustrazione rappresenta l'influenza dei Nakshatra sulla personalità e sul destino

6.5 Esempi Pratici

Vediamo alcuni esempi pratici di come i Nakshatra influenzano la vita di un individuo:

Esempio 1: Luna in Rohini

Una persona con la Luna in Rohini sarà probabilmente creativa, affascinante e orientata alla crescita. Potrebbe avere successo nelle arti e in carriere che richiedono creatività e bellezza.

Esempio 2: Luna in Ashlesha

Una persona con la Luna in Ashlesha potrebbe essere

introspezione, misteriosa e capace di capire le complessità della mente umana. Potrebbe avere talenti nella psicologia, nell'investigazione o in carriere che richiedono astuzia.

6.6 Conclusione

I Nakshatra sono fondamentali per l'Astrologia Vedica, offrendo una comprensione profonda delle influenze lunari sulla personalità e sul destino. Conoscere e interpretare i Nakshatra può fornire preziose intuizioni per la crescita personale e spirituale. Nei prossimi capitoli, esploreremo ulteriori aspetti avanzati dell'Astrologia Vedica, approfondendo tecniche e pratiche per un'interpretazione più completa e accurata.

Capitolo 7:

Le Case Astrologiche Dettagliate

Le Dodici Case Astrologiche

7.1 Introduzione alle Case Astrologiche

Le case astrologiche, o "bhava", rappresentano diversi aspetti della vita di una persona. Ogni carta astrale è suddivisa in dodici case, ciascuna con un ruolo specifico nell'influenzare la personalità e il destino.

7.2 Significato delle Dodici Case

1. **Prima Casa (Lagna)**: Personalità, fisico, ego.
2. **Seconda Casa**: Finanze, famiglia, sicurezza.

3. **Terza Casa**: Fratelli, comunicazione, coraggio.
4. **Quarta Casa**: Casa, madre, felicità domestica.
5. **Quinta Casa**: Creatività, figli, educazione.
6. **Sesta Casa**: Salute, nemici, debiti.
7. **Settima Casa**: Matrimonio, partnership, relazioni.
8. **Ottava Casa**: Morte, trasformazione, eredità.
9. **Nona Casa**: Fortuna, spiritualità, viaggi.
10. **Decima Casa**: Carriera, reputazione, successo.
11. **Undicesima Casa**: Amicizie, ambizioni, guadagni.
12. **Dodicesima Casa**: Perdite, isolamento, spiritualità.

Interazione tra le Case Astrologiche

7.3 Interazione delle Case

Le case non funzionano isolatamente. Le interazioni tra le case attraverso aspetti, congiunzioni e dispositori creano una dinamica complessa che influenza la vita dell'individuo.

7.4 Esempi Pratici

- **Prima Casa con Saturno**: Indica una personalità disciplinata ma potenzialmente rigida.

- **Settima Casa con Venere**: Favorisce relazioni armoniose e amorevoli.

7.5 Conclusione

Le case astrologiche forniscono un quadro dettagliato delle aree principali della vita. Comprendere le case è fondamentale per l'interpretazione accurata di una carta natale.

Capitolo 8:

Gli Aspetti Planetari (Drishti)

Le Dodici Case Astrologiche

8.1 Introduzione agli Aspetti Planetari

Gli aspetti planetari, o "Drishti", rappresentano le influenze che i pianeti esercitano l'uno sull'altro a causa delle loro posizioni relative nella carta astrale.

8.2 Tipi di Aspetti

- **Benefici**: Giove, Venere, Mercurio.
- **Malefici**: Marte, Saturno, Rahu, Ketu.

Interazione tra le Case Astrologiche

8.3 Influenza degli Aspetti
Gli aspetti possono essere armoniosi o disarmonici, influenzando positivamente o negativamente le aree della vita rappresentate dalle case coinvolte.

8.4 Esempi Pratici
- **Giove in aspetto con la Luna**: Promuove saggezza e benessere emotivo.
- **Marte in aspetto con Venere**: Potrebbe indicare conflitti nelle relazioni amorose.

8.5 Conclusione
Gli aspetti planetari offrono una comprensione più profonda delle dinamiche tra i pianeti, arricchendo l'interpretazione della carta natale.

Capitolo 9:

I Remedi Astrologici

Terapia con le Gemme nell'Astrologia Vedica

9.1 Introduzione ai Rimedi Astrologici

I rimedi astrologici sono pratiche e strumenti utilizzati per mitigare gli effetti negativi dei pianeti nella carta natale.

Mantra e le Loro Associazioni Planetarie

9.2 Tipi di Rimedi

- **Gemstone Therapy**: Utilizzo di pietre preziose specifiche per rafforzare i pianeti favorevoli.

- **Mantra**: Recitazione di mantra per pacificare i pianeti malefici.

- **Rituali e Pujas**: Esecuzione di rituali specifici per ottenere la benedizione dei pianeti.

9.3 Esempi di Rimedi

- **Per Saturno**: Indossare un anello di zaffiro blu e recitare il mantra "Om Shani Devaya Namah".

- **Per Marte**: Utilizzare il corallo rosso e recitare "Om Mangalaya Namah".

9.4 Efficacia dei Rimedi

La scelta e l'efficacia dei rimedi dipendono dalla carta natale individuale e dalle specifiche influenze planetarie.

9.5 Conclusione

I rimedi astrologici offrono strumenti pratici per armonizzare le energie planetarie e migliorare vari aspetti della vita.

Capitolo 10:

I Karakas (Indicatori)

I Diversi Tipi di Karakas nell'Astrologia Vedica

10.1 Introduzione ai Karakas

I Karakas sono indicatori planetari che rappresentano specifiche aree della vita e influenze nella carta natale.

L'Influenza dell'Atmakaraka (Indicatore dell'Anima) e la Sua Significanza

10.2 Tipi di Karakas

- **Atmakaraka**: Il pianeta più alto in gradi, rappresenta l'anima.

- **Amatyakaraka**: Indica la carriera e il successo professionale.

- **Bhratrikaraka**: Rappresenta i fratelli.

- **Matri Karaka**: Rappresenta la madre.

- **Putrakaraka**: Indica i figli.

- **Gnatikaraka**: Rappresenta i parenti.

- **Darakara**: Indica il coniuge.

10.3 Interpretazione dei Karakas

Ogni Karaka offre una visione dettagliata delle aree specifiche della vita che rappresenta, influenzando l'interpretazione generale della carta natale.

10.4 Esempi Pratici

- **Atmakaraka**: Giove come Atmakaraka indica un'anima incline alla saggezza e all'insegnamento.
- **Darakara**: Venere come Darakara suggerisce un coniuge amorevole e armonioso.

10.5 Conclusione

I Karakas arricchiscono l'interpretazione astrologica, fornendo dettagli su specifiche influenze planetarie nelle aree chiave della vita.

Capitolo 11:

Tecniche di Interpretazione Avanzata

Concetto Divisionale Charts (Vargas) nell'Astrologia Vedica

Significato dell'Arudha Lagna nell'Astrologia Vedica

11.1 Introduzione alle Tecniche Avanzate

Oltre ai fondamenti dell'astrologia vedica, ci sono tecniche avanzate che permettono di approfondire l'interpretazione della carta natale.

11.2 Tecniche Avanzate

- **Divisionale Charts (Vargas)**: Suddivisione della carta natale per ottenere informazioni dettagliate su vari aspetti della vita.

- **Arudha Lagna**: Tecnica per determinare la percezione pubblica e la manifestazione esterna della vita.

- **Bhava Chalita Chart**: Considera lo spostamento delle case in base ai gradi.

11.3 Esempi Pratici

- **Divisionale Charts**: Uso del Navamsa (D-9) per approfondire il matrimonio e la spiritualità.

- **Arudha Lagna**: Determinazione dell'Arudha Lagna e interpretazione delle sue influenze.

11.4 Conclusione

Le tecniche avanzate offrono una comprensione più dettagliata e precisa della carta natale, arricchendo le previsioni e le analisi.

Capitolo 12:

Astrologia Vedica e Karma

Processo di Previsioni nell'Astrologia Vedica

12.1 Introduzione all'Astrologia Vedica e Karma

L'Astrologia Vedica è profondamente legata ai concetti

di karma e reincarnazione. Analizzare la carta natale permette di comprendere il karma di un individuo e come esso influenzi la vita attuale.

12.2 Karma e Carta Natale

La carta natale è vista come una mappa del karma accumulato e delle lezioni che l'anima deve imparare in questa vita.

Esempio Pratico di Previsione del Matrimonio usando Tecniche di Astrologia Vedica

12.3 Esempi di Karma nella Carta Natale

- **Saturno nella Settima Casa**: Indica lezioni karmiche legate alle relazioni e al matrimonio.

- **Nodo Sud (Ketu) nella Decima Casa**: Suggerisce un distacco karmico dai successi mondani e una spinta verso la spiritualità.

12.4 Conclusione

Comprendere il karma attraverso l'astrologia vedica offre intuizioni profonde sul percorso dell'anima e sulle esperienze di vita.

Capitolo 13:

Previsioni e Eventi di Vita

Concetto di Sinastria nell'Astrologia Vedica

Esempio Pratico di Analisi della Compatibilità Matrimoniale usando Ashtakoot Guna Milan

13.1 Introduzione alle Previsioni Astrologiche

L'Astrologia Vedica offre strumenti per fare previsioni dettagliate sugli eventi di vita, utilizzando tecniche come i Dashas, i transiti planetari e i divisionali charts.

13.2 Tecniche di Previsione

- **Dashas**: Analisi dei periodi planetari e dei loro sotto-periodi.

- **Transiti Planetari**: Osservazione del movimento dei pianeti attraverso la carta natale.

- **Divisionale Charts**: Uso di carte divisionali per approfondire specifici aspetti della vita.

Esempio Pratico di Comparazione di Carte Natali per la Compatibilità Professionale

13.3 Esempi Pratici

- **Previsione di un Matrimonio**: Analisi dei Dashas e dei transiti che indicano un periodo favorevole per il matrimonio.

- **Successo Professionale**: Uso della decima casa e dei Dashas per prevedere avanzamenti di carriera.

13.4 Conclusione

Le previsioni astrologiche permettono di anticipare eventi importanti e prendere decisioni informate basate sulle influenze planetarie.

Capitolo 14:

Sinastria e Compatibilità

Concetto di Sinastia nell'Astrologia Vedica

Esempio Pratico di Analisi della Compatibilità Matrimoniale usando Ashtakoot Guna Milan

14.1 Introduzione alla Sinastria

La sinastria è lo studio della compatibilità tra due persone attraverso l'analisi comparativa delle loro carte natali.

14.2 Metodi di Analisi

- **Comparazione delle Case**: Analisi delle case sette e undici per la compatibilità matrimoniale.

- **Ashtakoot Guna Milan**: Sistema tradizionale che confronta otto aspetti delle carte natali.

Esempio Pratico di Comparazione di Carte Natali per la Compatibilità Professionale

14.3 Esempi Pratici

- **Compatibilità Matrimoniale**: Uso del Guna Milan per valutare l'affinità tra due partner.

- **Compatibilità Lavorativa**: Analisi delle case dieci e sei per la sinergia professionale.

14.4 Conclusione

La sinastria fornisce strumenti preziosi per comprendere e migliorare le relazioni personali e professionali attraverso l'astrologia vedica.

Capitolo 15:

Yoga Planetari nell'Astrologia Vedica

Concetto di Astrologia Medica nell'Astrologia Vedica

Esempi Specifici di Indicatori di Salute in una Carta Natale

15.1 Introduzione all'Astrologia Medica Vedica

L'Astrologia Medica Vedica analizza la carta natale per comprendere la predisposizione alle malattie e per suggerire rimedi per migliorare la salute.

15.2 Case e Pianeti della Salute

- **Prima Casa**: Vitalità generale.
- **Sesta Casa**: Malattie e nemici.
- **Ottava Casa**: Longevolezza e malattie croniche.
- **Dodicesima Casa**: Ospedalizzazione e recupero.

15.3 Esempi Pratici

- **Marte nella Sesta Casa**: Predisposizione a incidenti e infiammazioni.

- **Luna nell'Ottava Casa**: Problemi di salute legati al sistema riproduttivo.

15.4 Rimedi per la Salute

- **Mantra e Preghiere**: Recitazione di mantra specifici per migliorare la salute.

- **Dieta e Stile di Vita**: Consigli basati sull'influenza planetaria.

15.5 Conclusione

L'Astrologia Medica Vedica offre strumenti preziosi per comprendere e migliorare la salute attraverso l'analisi astrologica.

Premessa:

L'Astrologia Vedica, conosciuta anche come Jyotish, è un'antica scienza sacra che ha origine in India. Questo sistema di conoscenza cosmica e spirituale ha attraversato i secoli, preservato nelle tradizioni dei saggi e dei rishi. La sua ricchezza e complessità sono il riflesso di una profonda comprensione delle dinamiche universali e del destino umano. La Jyotish non è solo uno strumento per prevedere il futuro, ma un mezzo per comprendere il nostro cammino karmico, le influenze celesti sulla nostra vita e come possiamo armonizzarci con esse.

Questo libro nasce dal desiderio di condividere con il lettore la saggezza millenaria dell'Astrologia Vedica. In un'epoca dove il ritmo della vita moderna spesso ci distoglie dal nostro sé interiore, la Jyotish ci invita a riconsiderare il nostro legame con l'universo e a riscoprire la nostra essenza spirituale. Che tu sia un novizio curioso o un praticante esperto, questo libro si propone di essere una guida chiara e pratica per navigare nel vasto oceano dell'Astrologia Vedica.

Buona Lettura!

Capitolo 1:

Piano di Studio

Conclusione: Percorso di Apprendimento dell'Astrologia Vedica

L'Astrologia Vedica è un campo di studio vasto e complesso che offre profonde intuizioni sulla vita, la personalità e il destino di un individuo. Per l'utente desideroso di apprendere questa antica scienza, è essenziale seguire un percorso strutturato che copra tutti gli aspetti fondamentali e avanzati dell'astrologia. Ecco una guida su come affrontare lo studio dei 15 capitoli del corso di Astrologia Vedica, con tempi e metodi di apprendimento suggeriti.

Fasi di Apprendimento

Fase 1: Fondamenti dell'Astrologia Vedica (Capitoli 1-6)

Durata: 3-4 mesi

1. **Introduzione e Basi dell'Astrologia Vedica**
    - Studio delle origini, della struttura della carta natale e dei pianeti.
    - Lettura consigliata: 2-3 settimane.
2. **La Carta Astrale Vedica**
    - Approfondimento sulla costruzione e interpretazione della carta astrale.
    - Lettura consigliata: 2-3 settimane.
3. **Pianeti e loro Significati nell'Astrologia Vedica**
    - Studio dettagliato dei significati planetari e delle loro influenze.
    - Lettura consigliata: 3-4 settimane.
4. **I Dashas - I Periodi Planetari nell'Astrologia Vedica**
    - Comprensione dei periodi planetari e delle loro interpretazioni.

- Lettura consigliata: 3-4 settimane.
5. **Yoga Planetari nell'Astrologia Vedica**
   - Esplorazione delle configurazioni planetarie e dei loro effetti.
   - Lettura consigliata: 3-4 settimane.
6. **I Nakshatra - Le Costellazioni Lunari nell'Astrologia Vedica**
   - Studio dei Nakshatra e della loro influenza sulla vita.
   - Lettura consigliata: 3-4 settimane.

Fase 2: Approfondimenti e Tecniche Avanzate (Capitoli 7-11)

Durata: 4-5 mesi

7. **Le Case Astrologiche Dettagliate**
   - Approfondimento sui significati delle dodici case astrologiche.
   - Lettura consigliata: 3-4 settimane.
8. **Gli Aspetti Planetari (Drishti)**
   - Analisi delle influenze planetarie reciproche e dei loro effetti.
   - Lettura consigliata: 3-4 settimane.
9. **I Rimedi Astrologici**
   - Studio dei rimedi per mitigare gli effetti negativi dei pianeti.
   - Lettura consigliata: 3-4 settimane.

10. **I Kazaka (Indicatori)**
    - Comprensione degli indicatori planetari e delle loro influenze.
    - Lettura consigliata: 3-4 settimane.
11. **Tecniche di Interpretazione Avanzata**
    - Esplorazione delle tecniche avanzate per una lettura dettagliata della carta natale.
    - Lettura consigliata: 3-4 settimane.

Fase 3: Applicazioni Pratiche e Interpretazioni (Capitoli 12-15)

Durata: 4-5 mesi

12. **Astrologia Vedica e Karma**
    - Studio della relazione tra astrologia vedica e karma.
    - Lettura consigliata: 3-4 settimane.
13. **Previsioni e Eventi di Vita**
    - Tecniche per fare previsioni e interpretare eventi specifici della vita.
    - Lettura consigliata: 3-4 settimane.
14. **Sinastria e Compatibilità**
    - Analisi della compatibilità tra persone attraverso la sinastria.
    - Lettura consigliata: 3-4 settimane.
15. **Astrologia Medica Vedica**
    - Uso dell'astrologia per comprendere e migliorare la salute.

- Lettura consigliata: 3-4 settimane.

Metodi di Studio

1. **Lettura e Ricerca**
   - Dedica tempo alla lettura dei testi e alla ricerca approfondita su ciascun argomento. Utilizza risorse come libri di astrologia vedica, articoli accademici e corsi online.

2. **Pratica e Interpretazione**
   - Pratica l'interpretazione delle carte natali reali per applicare le conoscenze teoriche acquisite. Inizia con le tue carte natali o quelle di amici e familiari.

3. **Discussione e Scambio di Idee**
   - Partecipa a gruppi di studio, forum online e seminari per discutere concetti e scambiare idee con altri studenti e professionisti.

4. **Utilizzo di Strumenti Astrologici**
   - Utilizza software di astrologia per costruire e interpretare carte natali. Familiarizza con strumenti che facilitano il calcolo dei Dashas, dei transiti e delle carte divisionali.

5. **Apprendimento Continuo**
   - L'astrologia vedica è un campo in continua evoluzione. Mantieniti aggiornato con le ultime scoperte e teorie attraverso la lettura continua e la partecipazione a conferenze e workshop.

Conclusione

Lo studio dell'Astrologia Vedica richiede dedizione, pazienza e pratica costante. Seguendo questo percorso strutturato e utilizzando i metodi di studio suggeriti, l'utente sarà in grado di acquisire una comprensione approfondita e pratica dell'astrologia vedica, capace di fare previsioni accurate e offrire intuizioni significative su sé stessi e sugli altri.

Capitolo 2:

Piano di Studio Domande e Risposte

Domande e Risposte: Perché l'Astrologia Vedica è l'Unica Scienza che può Dirci del Nostro Karma?

Domanda: Cos'è il Karma?

Risposta:
Il karma è un concetto fondamentale nella filosofia indiana che si riferisce alla legge di causa ed effetto. Ogni azione, pensiero o intenzione genera un risultato che può manifestarsi in questa vita o in quelle future. Il karma rappresenta l'accumulo delle azioni passate che influenzano il presente e il futuro dell'individuo.

Domanda: Cos'è l'Astrologia Vedica?

Risposta:
L'Astrologia Vedica, conosciuta anche come Jyotish, è un'antica scienza sacra che ha origine in India. Utilizza i principi della filosofia vedica per analizzare le influenze celesti sulla vita umana. L'Astrologia Vedica si basa sui Veda, i testi sacri dell'India, e incorpora l'osservazione delle posizioni dei pianeti, delle costellazioni lunari (Nakshatra) e delle case astrologiche per creare una mappa del destino umano.

Domanda: Perché l'Astrologia Vedica è considerata una scienza?

Risposta:
L'Astrologia Vedica è considerata una scienza perché utilizza metodi sistematici e precisi per osservare e interpretare le posizioni dei corpi celesti. Come in altre scienze, si basa su principi e leggi universali, e le sue

pratiche sono state testate e verificate attraverso millenni di osservazione e applicazione.

Domanda: In che modo l'Astrologia Vedica è collegata al Karma?

Risposta:
L'Astrologia Vedica è profondamente radicata nella filosofia del karma. La carta natale di un individuo è vista come una mappa del karma accumulato dalle vite passate. Le posizioni dei pianeti e delle case astrologiche riflettono le tendenze karmiche e le lezioni che l'anima deve imparare in questa vita. L'analisi della carta natale permette di comprendere le influenze karmiche e di identificare le aree in cui è necessario lavorare per migliorare o risolvere il karma.

Domanda: Come può l'Astrologia Vedica rivelare il nostro Karma?

Risposta:
L'Astrologia Vedica utilizza vari strumenti e tecniche per rivelare il karma di un individuo, tra cui:
- **Carta Natale**: La disposizione dei pianeti al momento della nascita fornisce una mappa dettagliata delle influenze karmiche.

- **Dashas**: I periodi planetari (Dashas) indicano come e quando le influenze karmiche si manifesteranno nella vita di una persona.

- **Nakshatra**: Le costellazioni lunari rappresentano specifiche energie karmiche e influenzano la personalità e il destino.

- **Yoga Planetari**: Combinazioni specifiche di pianeti (yoga) indicano le sfide e le opportunità karmiche.

Domanda: Quali sono i benefici di comprendere il proprio Karma attraverso l'Astrologia Vedica?

Risposta:
Comprendere il proprio karma attraverso l'Astrologia Vedica offre vari benefici, tra cui:

- **Crescita Personale**: Identificare e lavorare sulle lezioni karmiche per la crescita spirituale.

- **Consapevolezza**: Aumentare la consapevolezza delle influenze karmiche per prendere decisioni informate.

- **Rimedi**: Applicare rimedi astrologici per mitigare gli effetti negativi del karma.

- **Guida e Supporto**: Ricevere guida su come affrontare le sfide karmiche e sfruttare le opportunità.

Domanda: L'Astrologia Vedica è l'unica scienza che può rivelare il Karma?

Risposta:
L'Astrologia Vedica è unica nel suo approccio sistematico e dettagliato per rivelare il karma attraverso l'analisi delle influenze celesti. Sebbene altre tradizioni spirituali possano affrontare concetti simili, l'Astrologia Vedica combina un'antica saggezza filosofica con osservazioni precise dei corpi celesti, offrendo una comprensione unica e profonda del karma.

Domanda: Come posso iniziare a studiare il mio karma attraverso l'Astrologia Vedica?

Risposta:
Per iniziare a studiare il tuo karma attraverso l'Astrologia Vedica, segui questi passaggi:
1. **Creazione della Carta Natale**: Ottieni una carta natale accurata basata sulla tua data, ora e luogo di nascita.
2. **Studio dei Fondamenti**: Impara i principi base dell'Astrologia Vedica, inclusi i pianeti, le case e i Nakshatra.

3. **Analisi dei Dashas**: Studia i periodi planetari per comprendere le influenze karmiche nel tempo.
4. **Consultazione con un Astrologo**: Considera di consultare un astrologo vedico esperto per un'interpretazione dettagliata e personalizzata.
5. **Applicazione dei Rimedi**: Applica i rimedi astrologici suggeriti per migliorare la tua vita e risolvere le influenze karmiche negative.

Conclusione

L'Astrologia Vedica offre un mezzo unico e potente per comprendere il karma e il destino di un individuo. Attraverso l'analisi sistematica delle posizioni planetarie e delle influenze celesti, questa antica scienza fornisce intuizioni profonde sulle lezioni karmiche e sulle opportunità di crescita personale e spirituale. Intraprendere lo studio dell'Astrologia Vedica può arricchire la tua vita, offrendoti strumenti per navigare le complessità del karma e vivere in armonia con l'universo.

Domande e Risposte: Può l'Astrologia Vedica Fornirci la Nostra Roadmap e il Nostro Futuro?

Domanda: Può l'Astrologia Vedica prevedere il futuro?

Risposta:
L'Astrologia Vedica non prevede il futuro in modo deterministico ma offre una roadmap delle influenze planetarie e delle tendenze che possono influenzare la vita di un individuo. Essa fornisce indicazioni sui periodi favorevoli e sfavorevoli, aiutando a prendere decisioni informate e consapevoli.

Domanda: Come funziona la roadmap astrologica?

Risposta:
La roadmap astrologica è costruita attraverso l'analisi della carta natale e dei periodi planetari (Dashas). La carta natale rappresenta la mappa di base, mentre i Dashas e i transiti planetari mostrano come le influenze planetarie si manifestano nel tempo. Questa combinazione fornisce una visione dettagliata delle potenziali sfide e opportunità che una persona può incontrare nel suo percorso di vita.

Domanda: Cosa sono i Dashas e come influenzano la roadmap?

Risposta:
I Dashas sono periodi planetari che segnano le fasi della vita di un individuo, ciascuno governato da un pianeta specifico. Ogni Dasha ha una durata e un'influenza

particolari, determinando le esperienze e gli eventi che si verificheranno durante quel periodo. Ad esempio, il Dasha di Giove potrebbe portare crescita e opportunità, mentre il Dasha di Saturno potrebbe introdurre lezioni di disciplina e sfide.

Domanda: Come posso utilizzare l'Astrologia Vedica per pianificare il mio futuro?

Risposta:
Ecco alcuni passi per utilizzare l'Astrologia Vedica nella pianificazione del futuro:

1. **Analisi della Carta Natale**: Comprendi le influenze di base della tua carta natale, inclusi i pianeti, le case e i Nakshatra.
2. **Studio dei Dashas**: Identifica i Dashas attuali e futuri per capire le fasi della tua vita e le influenze planetarie predominanti.
3. **Osservazione dei Transiti**: Monitora i transiti planetari per anticipare cambiamenti significativi e opportunità.
4. **Consulenza Astrologica**: Consulta un astrologo vedico esperto per una roadmap dettagliata e personalizzata.
5. **Applicazione dei Rimedi**: Utilizza i rimedi astrologici per mitigare gli effetti negativi e potenziare quelli positivi.

Domanda: Quali informazioni specifiche può fornire una roadmap astrologica?

Risposta:
Una roadmap astrologica può fornire informazioni dettagliate su:

- **Carriera e Successo Professionale**: Identificazione dei periodi favorevoli per avanzamenti di carriera, cambiamenti di lavoro e opportunità professionali.
- **Relazioni e Matrimonio**: Previsioni su quando e come le relazioni importanti si manifesteranno o evolveranno.
- **Salute e Benessere**: Indicazioni sui periodi di vulnerabilità e suggerimenti per mantenere una buona salute.
- **Finanze e Investimenti**: Consigli sui tempi migliori per investimenti, risparmi e gestione finanziaria.
- **Crescita Spirituale e Personale**: Periodi propizi per lo sviluppo spirituale, la meditazione e la crescita personale.

Domanda: L'Astrologia Vedica può cambiare il mio destino?

Risposta:

L'Astrologia Vedica non cambia il destino ma offre strumenti per comprendere e navigare meglio le influenze karmiche e planetarie. Con questa conoscenza, una persona può prendere decisioni più consapevoli, sfruttare le opportunità e mitigare le sfide, vivendo in modo più armonioso e realizzato.

Domanda: Come posso iniziare a creare la mia roadmap astrologica?

Risposta:
Per iniziare a creare la tua roadmap astrologica, segui questi passi:

1. **Crea la Tua Carta Natale**: Utilizza un software astrologico o consulta un astrologo vedico per ottenere la tua carta natale accurata.
2. **Studia i Dashas**: Impara a interpretare i periodi planetari e come influenzano la tua vita.
3. **Monitora i Transiti**: Tieni traccia dei transiti planetari e delle loro influenze.
4. **Consulta un Astrologo**: Ricevi una consulenza professionale per una roadmap personalizzata.
5. **Applica i Rimedi**: Utilizza i rimedi astrologici per migliorare la tua vita e affrontare le sfide.

Conclusione

L'Astrologia Vedica offre una roadmap unica e dettagliata del nostro karma e delle influenze planetarie, fornendo intuizioni preziose su come navigare il percorso della vita. Attraverso l'analisi della carta natale, dei Dashas e dei transiti, possiamo anticipare sfide e opportunità, prendere decisioni informate e vivere in armonia con le energie cosmiche. L'apprendimento e l'applicazione pratica dell'Astrologia Vedica possono trasformare la nostra comprensione del destino, consentendoci di vivere una vita più consapevole e realizzata.

FINE

www.ingramcontent.com/pod-product-compliance
Lightning Source LLC
Chambersburg PA
CBHW071512220526
45472CB00003B/991